	INHALT	СОДЕРЖАНИЕ	CONTENTS	

Die ZEITSCHRIFT FÜR ANGEWANDTE GEOLOGIE berichtet ständig über folgende Arbeitsgebiete: Geologische Grundlagenforschung und Lagerstättenforschung / Methodik der geologischen Erkundung / Ökonomie und Planung der geologischen Erkundung / Technik der geologischen Erkundung / Geologie und Lagerstättenkunde im Ausland. In der Zeitschrift können alle strittigen Fragen der praktischen Geologie behandelt werden. Die Autoren übernehmen für ihre Aufsätze die übliche Verantwortung.

ZEITSCHRIFT FÜR ANGEWANDTE GEOLOGIE

HERAUSGEGEBEN VON

DER STAATLICHEN GEOLOGISCHEN KOMMISSION

UND DER ZENTRALEN VORRATSKOMMISSION

DER DEUTSCHEN DEMOKRATISCHEN REPUBLIK

AUS DEM INHALT

AKADEMIE-VERLAG · BERLIN

BAND 7 / HEFT 10
OKTOBER 1961
SEITE 497–552

ZEITSCHRIFT FÜR ANGEWANDTE GEOLOGIE

KOLLEKTIVE CHEFREDAKTION

BAND 7 · OKTOBER 1961 · HEFT 10

Zwölf Jahre Deutsche Demokratische Republik

Zwölf Jahre existiert unsere Deutsche Demokratische Republik. Ein relativ kurzer Zeitraum; dennoch repräsentieren diese Jahre für unser Volk die wichtigste Etappe seiner Geschichte.

Nach den schmerzlichen Erfahrungen der Hitlerzeit haben bei uns die Arbeiter und Bauern, hat unser Volk die Macht in die Hände genommen. Sichtbarer Ausdruck dieses Tatbestandes ist unsere Republik, der erste Friedensstaat auf deutschem Boden.

Der Mensch wurde bei uns frei von Ausbeutung und Unterjochung, von den Einwirkungen der Wolfsgesetze des kapitalistischen Systems. Die Wissenschaft wurde frei. Das Wissen ist kein Privileg mehr, gebunden an Besitz und Stellung. Die Arbeit der Wissenschaftler dient nicht mehr einer kleinen Gruppe von Menschen, die sich die Ergebnisse dieser Arbeit zur eigenen Bereicherung aneigneten und sie nach ihrem Willen zur Vorbereitung und Durchführung grausamer Kriege mißbrauchten. Die Wissenschaft dient dem ganzen Volke, das erfaßt ist vom Lernen, vom Sich-weiter-Bilden zum Nutzen aller.

Wo zuvor Anarchie herrschte, steht heute der Plan. Er weist den sicheren Weg zu wachsendem Wohlstand und kennzeichnet für jeden Mitbürger den Platz, auf dem er seine Kräfte am besten entfalten kann. An die Stelle der Ungewißheit ist das klar erkennbare Ziel getreten. Und dieses Ziel heißt: Frieden und Wohlstand für unser Volk.

Die Erfolge unseres Arbeiter-und-Bauern-Staates sind das Ergebnis harter Arbeit, eines aufopferungsvollen Kampfes. Nichts wurde uns geschenkt, keine Tonne Kohle, kein Stück Brot. Fast aus dem Nichts sind wir zum fünftgrößten Industrieproduzenten der Länder Europas aufgestiegen. Doch dieser Aufstieg vollzog und vollzieht sich nicht ungefährdet. Während unsere ganze Arbeit dem Aufbau des Sozialismus dient, rüstet der im Westen unseres Vaterlandes neu erstandene deutsche Militarismus — angesichts unserer Erfolge haßerfüllter, revanchelüsterner als je zuvor — zum Atomkrieg gegen das sozialistische Lager.

Sozialismus — das bedeutet Frieden. Revanchismus und Militarismus aber — das haben die Welt und das deutsche Volk bitter genug erfahren — bedeuten Krieg. Die Fronten sind klar: hier zukunftsfrohes, friedliches Leben, dort grauenvoller Atomtod. Ein Drittes gibt es nicht.

Es gibt keinen Wissenschaftler, der angesichts dieser Alternative nicht mit aufgeschlossenem Herzen auf die Karte des Friedens setzte. Wie anders könnte er seiner Wissenschaft dienen? Wie könnte er sonst seinen Beitrag liefern zur Verwirklichung der großen humanistischen Ideale, die der Menschheit größte Denker und Forscher als Forderung des echten Menschentums aufgezeigt haben?

Unser Staat und nur unser Staat bietet zum erstenmal in der deutschen Geschichte die Möglichkeit, diese Ideale Wirklichkeit werden zu lassen. So etwas vollzieht sich nicht mit Beteuerungen und Deklarationen, ist nicht so sehr die Sache des guten Willens allein, als vielmehr der guten Tat. Jede Tageserfüllung des Planes in der Produktion von Braunkohle, von Kali und Erz, in der Erkundung von Erdöllagerstätten und im Bau von Talsperren bedeutet einen Machtzuwachs für das Friedenslager, eine Festigung des Sozialismus und bringt uns dem wahren Humanismus ein Stück näher.

Das ist nun nicht mehr nur die Sache eines einzelnen Denkers, eines Wissenschaftlers in stiller Stube oder eines Forschers im geheimen. Frieden und Humanismus werden nur das Ergebnis der guten Taten aller sein können, der Arbeiter, der Bauern und der Wissenschaftler. Unsere Intellektuellen haben das verstanden. Zahllos sind die sozialistischen Arbeitsgemeinschaften, sowohl innerhalb der Betriebe wie auch zwischen wissenschaftlichen Instituten und der Praxis. Und das ist gut so; denn unser Staat, das sind wir alle, angeleitet, unterwiesen und gelehrt von der Partei der Arbeiterklasse.

Unter der Führung der Partei der Arbeiterklasse kämpfen wir als freie Wissenschaftler für den Abschluß eines Friedensvertrages mit beiden deutschen Staaten, für die Erhaltung des Friedens in der Welt. Unter ihrer Führung werden wir dem Humanismus Gestalt geben. Wir sind bereit, international verbindlich zu manifestieren, daß wir Frieden und nichts als Frieden wollen. Wir wünschen aber auch die völkerrechtliche Anerkennung unseres Friedens und seinen Schutz. Das ist ein hohes Ziel. Wir werden es erreichen; denn unser ganzes Volk will es: die Arbeiter, die Bauern und die Wissenschaftler. Wer könnte sich dem widersetzen?

Zum zwölften Jahrestag unserer Republik legen wir Geologen auf ihren Gabentisch neue Vorräte an Erz, Kali, Kohle, Erdöl und Baumaterialien, neue Talsperren und viele andere Ergebnisse unserer friedlichen Arbeit. Wir geben zugleich das Versprechen ab, zur Festigung des Friedens unsere ganze Kraft einzusetzen zum Gedeihen unseres Staates, der uns so beglückende Perspektiven eröffnete, zum Nutzen unserer Wissenschaft, die unter dem Zeichen des Sozialismus zum Wohle unserer Menschen eine begeisternde Aufwärtsentwicklung erlebt.

Glück auf!

Vorschläge zur Verbesserung der bestehenden DDR-Vorratsklassifikation

(Veröffentlichung der Zentralen Vorratskommission — Nr. 1)

FRIEDRICH STAMMBERGER, Berlin

1. Fünf Jahre DDR-Klassifikation fester mineralischer Lagerstättenvorräte

Im September dieses Jahres sind fünf Jahre seit der Bestätigung der DDR-Klassifikation fester mineralischer Rohstoffe (1956) vergangen. Es gibt auf dem Gebiete der Geologie wenig Festlegungen, die sich ähnlich positiv auf die geologische Erkundungsarbeit, die Darstellung der Erkundungsergebnisse und die industrielle Nutzung erkundeter Lagerstättenvorräte ausgewirkt haben wie dieses Dokument. Das spricht für die Güte und das wissenschaftliche Niveau der vor fünf Jahren von den DDR-Geologen geleisteten Arbeit.

Auf welche Weise wurde — in relativ kurzer Zeit — damals dieses Arbeitsergebnis erreicht? Erstens durch das gründliche Studium des erreichten theoretischen Standes bei uns in Deutschland und im sozialistischen und kapitalistischen Ausland (s. z. B. O. OELSNER 1952, E. VOGEL 1954, F. STAMMBERGER 1955). Zweitens durch die aktive Mitarbeit eines größeren Geologenkollektivs in einem Arbeitskreis. Drittens durch eingehende Beratungen und Aussprachen mit der Mehrheit der DDR-Geologen (Geologische Arbeitstagung 1956). Gemeinschaftsarbeit, kollektive Beratungen, Mobilisierung der überwiegenden Mehrheit der Geologen und Fachleute für diese Arbeit — das waren der Schlüssel zu unserem Erfolg. Grund genug, diesen Arbeitsstil auch zukünftig zu pflegen und zu entwickeln.

Gründliche Arbeit hat 1956 dazu geführt, daß in der DDR-Klassifikation Festlegungen getroffen wurden, die sich in der Praxis weitgehend bewährt und bei theoretischen Auseinandersetzungen als gut fundiert erwiesen haben. Daraus könnte nicht ohne Grund gefolgert werden, daß diese Festlegungen mit großer Wahrscheinlichkeit Gültigkeit auf lange Sicht bewahren werden und damit die notwendige Kontinuität in unserer Arbeit und erforderliche Stabilität bei der Beurteilung von Lagerstättenvorräten gewährleisten.

Vorratsklassifikationen werden jedoch maßgebend von der sozialen Struktur und den volkswirtschaftlichen Interessen eines jeden Landes beeinflußt. Die Veränderung bzw. Ergänzung jeder Vorratsklassifikation ist im Laufe der Entwicklung somit unvermeidlich.

„Mit der neuen Etappe der Vertiefung der internationalen sozialistischen Zusammenarbeit sowie mit der raschen Entfaltung der Produktivkräfte und der sozialistischen Produktionsverhältnisse sind für unsere Republik neue objektive Bedingungen herangewachsen. Sie verlangen gebieterisch, alle Fragen der Planung und Leitung unserer Volkswirtschaft gründlich zu durchdenken und die bisherigen Methoden gründlich zu überprüfen, um eine wirklich höhere Qualität in der Leitungstätigkeit zu erreichen, die den komplizierten neuen Bedingungen voll entspricht" (E. APEL 1961).

Aus dieser grundsätzlichen Bemerkung E. APELS ergibt sich für die Erkundungsgeologen und die ZVK die Verpflichtung, eine der Grundlagen der geologischen Erkundung — die bestehende DDR-Klassifikation — einer kritischen Überprüfung zu unterziehen. Die in den verflossenen fünf Jahren gewonnenen Erfahrungen bei der Berechnung und Bestätigung von Lagerstättenvorräten sind hierfür ausreichende Grundlagen. Hinzu kommt ein zweiter Umstand. Die engen Wirtschaftsbeziehungen zwischen den sozialistischen Ländern haben bereits 1955 die DDR-Geologen veranlaßt, vorzuschlagen, einheitliche Grundlagen für die Vorratsklassifikationen der sozialistischen Länder auszuarbeiten (F. STAMMBERGER 1955). Dieser Vorschlag wurde von den Geologen der befreundeten Länder aufgegriffen, unterstützt und verwirklicht: Im Juni 1961 wurden solche einheitlichen Grundlagen international vereinbart (s. Protokoll über die Tagung der zeitweiligen geologischen Arbeitsgruppe). Bei dieser Abstimmung wurden die neuen Bedingungen berücksichtigt, die sich aus der wirtschaftlichen Zusammenarbeit der sozialistischen Länder und den Besonderheiten der einzelnen Länder ergaben. Eine kritische Analyse der bestehenden DDR-Klassifikation im gegenwärtigen Zeitpunkt kann sich daher auch auf die Erfahrungen und Vorschläge der Geologen des befreundeten Auslands stützen.

2. Die Vorratsgruppen und ihre Kriterien

Die Gruppierung der Vorräte in Bilanz- und Außerbilanzvorräte erfolgt in der bestehenden DDR-Klassifikation nach dem Kriterium der Eignung zu einer volkswirtschaftlichen Nutzung (§ 1, Abschnitt 1). Dieses Kriterium ist eines der Hauptprinzipien der Klassifikation.

In den letzten Jahren wurden von verschiedenen Seiten andere Kriterien vorgeschlagen: die Rentabilität des Abbau treibenden Betriebes, die Erreichung der Planaufgaben durch den Abbau treibenden Betrieb, die ökonomische Zweckmäßigkeit des Abbaus u. a. Die eingehende Diskussion aller dieser Vorschläge hat gezeigt, daß die bestehende Festlegung besser und für unsere praktische Arbeit geeigneter ist.

Die Rentabilität des Abbaus ist zweifellos in jedem Betrieb der DDR anzustreben. Unter sozialistischen Produktionsverhältnissen entscheidet die betriebliche Rentabilität jedoch keineswegs allein über die Zweckmäßigkeit der Nutzung einer Lagerstätte, insbesondere berücksichtigt dieses Kriterium nicht den nur für den Sozialismus charakteristischen Gesichtspunkt der volkswirtschaftlichen Bedeutung einer Nutzung der Lagerstätte. Daher ist dieses Kriterium nicht für die Gruppeneinteilung einer Vorratsklassifikation geeignet.

Die Erreichung der Planaufgabe ist für die sozialistischen Betriebe eine selbstverständliche Verpflichtung. Deren Erfüllung erfordert in der Regel ein Höchstmaß an Organisation durch die Werkleitungen und die Mobilisierung aller Mitarbeiter für dieses Ziel. Die Realität unserer Pläne setzt die Berücksichtigung der natürlichen Gegebenheiten (z. B. der Lagerstätten) voraus. „Erreichung der Planziele" als Charakteristikum für Bilanzvorräte gibt der Montanwirtschaft eine grundsätzlich falsche Orientierung, weil die Besonderheiten der Lagerstätten bereits bei der Planaufstellung berücksichtigt worden sind.

Aus der Formulierung der neuen sowjetischen Klassifikation (1961) „ökonomisch zweckmäßig" haben einzelne Kollegen herausgelesen, daß in der UdSSR nur das als Bilanzvorrat betrachtet wird, was entweder heute mit betrieblichem Vorteil abgebaut wird oder solchen Vorräten entspricht. Aussprachen mit sowjetischen Fachleuten haben gezeigt, daß dies keineswegs zutrifft.

Diese Formulierung berücksichtigt gewisse Besonderheiten in der Sowjetunion (großer Vorratsreichtum) und Erkundungsfehler, die in der Vergangenheit gemacht wurden; zudem hat dieser Begriff im Russischen einen breiteren Inhalt, als er vom deutschen „Zweckmäßigkeits"-Begriff erfaßt wird. Um jede Unklarheit auszuschalten, wurde ins Protokoll der Juni-Beratung der geologischen Vertreter der Teilnehmerländer des RgW folgende Erläuterung aufgenommen:

„Es wird festgestellt, daß bei der Bestimmung der Bilanzvorräte (Pkt. 7 der Klassifikation) der Begriff ökonomische Zweckmäßigkeit nicht unbedingte Rentabilität des Abbaus einzelner Lagerstätten bedeutet und daß unter diesem Begriff ebenfalls die Eignung der Vorräte für ihre industrielle Nutzung beim gegenwärtigen technischen Niveau und Stand der Ökonomik verstanden wird."

Immer mehr setzt sich bei uns die Anschauung durch, daß es nützlich ist, bei der Beurteilung von Lagerstätten zwischen der Möglichkeit, d. h. Eignung der Lagerstätte zu einer industriellen Nutzung, und der Realisierung dieser Möglichkeit zu unterscheiden. Offensichtlich hängt die Realisierung bei uns von der volkswirtschaftlichen Zweckmäßigkeit eines solchen Schrittes ab. Diese wird von vielerlei Faktoren bestimmt, die ihre Wurzeln überwiegend im Volkswirtschaftlichen haben, wobei die Eignung der Lagerstätte zu einer Nutzung bereits als festgestellt in die Entscheidung eingeht. Es ist heute z. B. keineswegs zweckmäßig, alle bei uns vorhandenen und für eine wirtschaftliche Nutzung geeigneten Lagerstätten der Braunkohlen, Steine und Erden u. a. tatsächlich in die Nutzung einzubeziehen, wenn der gegenwärtige Bedarf der Wirtschaft gedeckt ist, die hierzu benötigten Investmittel nicht zur Verfügung stehen, die proportionale planmäßige Entwicklung der Wirtschaft dies nicht erforderlich macht usw. Werden diese Lagerstätten durch eine negative Entscheidung hinsichtlich der Zweckmäßigkeit einer Nutzung zu Außerbilanzvorräten? Doch keineswegs.

Auch die Beschränkung der Bilanzvorräte auf jene Vorratsqualitäten, die derzeit tatsächlich genutzt werden, wäre unrichtig, da das zu einer selbstzufriedenen Kanonisierung des Erreichten führen würde. Unsere Wirtschaft und wir selbst sind jedoch von einem Gefühl der schöpferischen Unzufriedenheit erfüllt, das uns auf allen Gebieten zu besseren und größeren Leistungen anspornt. Das gilt es zu berücksichtigen.

In den rohstoffarmen oder nur begrenzt ausgestatteten Ländern ist außerdem überall die Tendenz zu beobachten, immer ungünstigere Rohstoffe mit Hilfe verbesserter Technik und Technologie in die Nutzung einzubeziehen. Der moralische Verschleiß ist in Montanbetrieben hoch. Ein 10 bis 20 Jahre alter Betrieb kann in der Regel nur bei Abbaugrenzen arbeiten, die über dem Niveau der im Industriezweig international den Ton angebenden Betriebe liegen. Die Rekonstruktion bestehender Montanbetriebe ist eine häufige Erscheinung. Auch wir müssen mit einer solchen Entwicklung rechnen und das in unserer Klassifikation berücksichtigen.

Das in der bestehenden DDR-Klassifikation verankerte Prinzip der Eignung der Vorräte zu einer volkswirtschaftlichen Nutzung ist nach Meinung der ZVK richtig und sollte beibehalten werden. Im soeben erschienenen Band II „Das Aufsuchen und die Erkundung von Lagerstätten nutzbarer Bodenschätze" hat W. M. KREJTER — einer der ganz großen Könner auf diesem Gebiet — den gleichen Standpunkt vertreten (s. S. 91, 334 u. a.).

Die Festigung unserer sozialistischen Wirtschaft gestattet und macht zugleich die Ausarbeitung langfristiger Perspektivpläne notwendig. Das bedeutet für die Geologen, ihre zukünftigen Erfolge bei entsprechenden Erkundungsarbeiten vorauszusagen, d. h., heute neben den erkundeten Bilanz- und Außerbilanzvorräten auch die zwar noch nicht erkundeten, jedoch auf Grund wissenschaftlicher Voraussagen berechneten prognostischen Vorräte für die einzelnen Rohstoffe im Republikmaßstab anzugeben. Ohne derartige Angaben können unsere Planungsorgane keine wissenschaftlich begründeten Entwicklungspläne der Montanindustrie ausarbeiten. Daß hierfür ein echtes Bedürfnis vorliegt, beweist Pkt. 6.52 der ersten Blei-Zink-Instruktion, in dem bereits 1957 solche Vorräte unter der Bezeichnung „geschätzte C_2-Vorräte" definiert und berücksichtigt wurden.

Die Einführung einer neuen Vorratsgruppe, der prognostischen Vorräte, ist offensichtlich aktuell geworden. Dabei ist es durchaus möglich, daß diese Vorräte — nicht erkundete, sondern nur vorausgesagte — in Untergruppen nach den vorliegenden Erkenntnissen und der Sicherheit der Voraussage eingeteilt werden. Sie müssen jedoch stets und unbedingt von den Bilanz- und Außerbilanzvorräten und deren Klassen — für die der Sammelbegriff „Reserven" vorgeschlagen wurde — streng unterschieden werden.

3. Die Vorratsklassen und ihre Kriterien

Die Einteilung der Bilanz- und Außerbilanzvorräte in Vorratsklassen erfolgt in der DDR-Klassifikation nach dem Kriterium des Erforschungsgrades, der sich gewissermaßen aus Erkundungsgrad und dem allseitigen Studium der Erkundungsdaten zusammensetzt. Dieses Kriterium wurde bisher von keiner Seite angefochten. Es hat sich bewährt und sollte mit aller Konsequenz erhalten bleiben.

In der Vergangenheit wurde wiederholt vorgeschlagen, die Klassen A_1 und A_2 in einer Klasse A zusammenzufassen. Es gab und gibt Argumente für und wider diesen Vorschlag. Die Praxis der verflossenen fünf Jahre hat jedoch gezeigt, daß A_1-Vorräte relativ selten von längerem Bestand sind. Sie sind kurzlebig, weil sie in der Regel nach ihrer Bildung bald abgebaut werden; die geologische Erkundung ihrerseits schafft Vorräte in dieser Klasse nur selten. Aus diesen praktischen Erwägungen kann der Vereinigung beider Klassen zu einer Klasse A sicher zugestimmt werden.

Bei der Ausarbeitung der Instruktionen zur Anwendung der Vorratsklassifikation wurde festgestellt, daß bei gewissen Rohstoffen (z. B. Steinkohle) B-Vorräte durchaus eine begrenzte Zone der Extrapolation enthalten dürfen. Es ist wahrscheinlich sinnvoll, diese Erfahrung bereits in der Klassifikation zu fixieren und bei aushaltenden Mächtigkeiten und Qualitäten des Rohstoffs für die Klasse B eine beschränkte Zone der Extrapolation zu gestatten.

Die Definition der Klasse C_2 hat ebenfalls Diskussionen hervorgerufen. Es wurde z. B. vorgeschlagen, in diese Klasse auch geschätzte, noch nicht erkundete Vorräte einzubeziehen. Sobald jedoch eine gewisse Grenze — die mögliche Extrapolation — überschritten wird, verwischt sich bei Realisierung dieses Vorschlages die Grenze zu den prognostischen Vorräten. Das ist auf keinen Fall sinnvoll. Die Klasse C_2 sollte in der bisherigen Form beibehalten bleiben.

Als Kriterium für eine mögliche Unterteilung der prognostischen Vorräte kann nur der Erforschungsgrad dienen, d. h. die vorliegenden Kenntnisse geologisch-geophysikalischer Art, die bei der Berechnung dieser Vorräte herangezogen werden können. Nach Meinung der ZVK hat dabei der Umstand besonderes Gewicht, ob in dem betrachteten Gebiet, Formation usw. der zu berechnende Rohstoff überhaupt schon an irgendeiner Stelle nachgewiesen wurde oder dessen Verbreitung lediglich vermutet wird.

Im allgemeinen haben sich die Definitionen der Klassen in den vergangenen Jahren bewährt und bedürfen keiner wesentlichen Veränderungen.

4. Die volkswirtschaftliche Bedeutung der Vorräte und ihrer Klassen

Die entsprechenden Bestimmungen in der bestehenden DDR-Klassifikation sind zweifellos besonders überprüfungsbedürftig: Einerseits lagen auf diesem Gebiet 1956 die geringsten Erfahrungen vor, andererseits müssen sich die von E. APEL genannten Veränderungen nachhaltig in dieser Richtung auswirken.

Ist es richtig, als Gesamtbilanzvorräte nur die Klassen A bis C_1 zu betrachten und die Übergabereife einer erkundeten Lagerstätte aus dem prozentualen Anteil dieser Klassen an den so berechneten Gesamtvorräten zu bestimmen? Die Praxis zeigt, daß diese Festlegung der bestehenden DDR-Klassifikation überholt ist. Als Gesamtbilanzvorräte sollten für volkswirtschaftliche Betrachtungen zukünftig die tatsächlichen Bilanzvorräte aller Klassen einschließlich der Klasse C_2 definiert werden. Denn die gemäß der DDR-Klassifikation berechneten C_2-Vorräte weisen einen so hohen Grad der Zuverlässigkeit auf, daß ihre Berücksichtigung für umfassende Einschätzungen, z. B. der volkswirtschaftlichen Bedeutung der Lagerstätte, notwendig ist. Insbesondere sollte auch die Projektierung von den vorhandenen Gesamtbilanzvorräten ausgehen. „Ausgehen", d. h., neben den Gesamtbilanzvorräten auch die vorhandenen Außerbilanzvorräte und evtl. prognostischen Vorräte beachten und die zu erwartenden Gewinnungsverluste in Abzug bringen. Wenn das nicht erfolgt, besteht die Gefahr einer unrichtigen Einschätzung der Lagerstättenperspektiven.

Veränderungsbedürftig ist ganz offensichtlich auch die Bestimmung des § 6, Pkt. 2, erster Abschnitt, in dem Richtlinien für das notwendige Vorratsverhältnis bei der Übergabe neuerkundeter Lagerstätten angekündigt wurden. Die ZVK war bisher nicht in der Lage, solche Richtlinien herauszugeben. Sorgfältiges Studium der vorliegenden sowjetischen Bestimmungen und eingehende Diskussionen der Probleme führten die ZVK zu dem Standpunkt, daß eine solche generelle Festlegung wissenschaftlich schwer (wenn überhaupt) zu begründen, für die DDR außerdem kaum zweckmäßig ist. Für die bekannten sowjetischen Festlegungen fehlen ebenfalls (mündliche Mitteilung sowjetischer Fachkollegen) theoretische Begründungen, es handelt sich lediglich um ausgehandelte Vereinbarungen.

Die ZVK vertritt den Standpunkt, daß es die Verhältnisse der DDR gestatten, jede neuerkundete Lagerstätte individuell zu behandeln und für jeden Einzelfall zu entscheiden, wie weit die Erkundung getrieben werden muß, d. h., welches organische Vorratsverhältnis bei der Übergabe ausreicht. Aus gleicher Sicht sind die Festlegungen des zweiten Abschnitts dieses Punktes zu korrigieren. Hier war sinngemäß festgelegt worden, daß bei der Übergabe Vorräte in der Klasse A_1 nicht immer vorzuliegen brauchen, in Ausnahmefällen auch keine Vorräte in den Klassen A_2, B und C_1. Die ZVK ist der Meinung, daß bei der Übergabe einer Lagerstätte nicht so sehr die Vorräte in den einzelnen Klassen ausschlaggebend sind wie der erreichte Erkundungsstand im Vergleich zum unbedingt Notwendigen für die jeweils vorgesehenen praktischen Entscheidungen. Der Erkundungsstand wird zwar durch die organische Zusammensetzung der Vorräte ausgedrückt. Doch der zu fordernde notwendige Erkundungsstand für die Übergabe kann nicht losgelöst von den anfallenden Erkundungskosten, dem Rohstoff, den bei einer Nutzung benötigten Investitionen usw. bestimmt werden.

Maßgebend dafür, ob eine Lagerstätte ausreichend für eine Übergabe erkundet ist, kann nur die Einschränkung des bergmännischen Risikos bis zu einer vorgegebenen Grenze sein. Die Höhe des bei einer Nutzung eingegangenen Risikos ergibt sich aus den Lagerstättenverhältnissen (einfach oder kompliziert), dem erreichten Erkundungsstand und den vorgesehenen Investitionen. Daraus folgt, daß die Erkundung am intensivsten bei komplizierten Lagerstätten und vorgesehenem großem Investaufwand zu erfolgen hat. Mit allgemeinen Festlegungen des organischen Vorratsverhältnisses für die Übergabe von Lagerstätten sind diese Faktoren (wenn überhaupt) nur schwer zu erfassen.

Abschnitt 2 sollte durch Festlegungen ersetzt werden, die dem Erkundungsgeologen bzw. der Erkundungsorganisation größere Entscheidungsfreiheit geben und es ihnen gestatten, die Erkundung den geologischen und ökonomischen Gegebenheiten besser anzupassen und selbst zu entscheiden, bis zu welcher Detailliertheit die Erkundung zu treiben ist.

Eine solche Regelung birgt zweifellos eine Gefahr — die der Übererkundung von Lagerstätten, wenn sich die Geologen „sichern" wollen. Sie kann durch kontrollierte geologische Projektierung und entsprechende Anleitung und Kontrolle der Erkundungsarbeit vermieden werden.

Die Gefahr einer ungenügenden Erkundung wird durch die Kontrolle der ZVK abgefangen, die in ihren Beschlüssen mögliche Erkundungslücken festhalten und ihre notwendige Beseitigung vor einer Nutzung fordern muß.

Im Interesse einer sinnvollen Verwendung der geologischen Erkundungsmittel und der Vermeidung unwirtschaftlicher Ausgaben für nichtbenötigte Objekte sollten die Vorräte neuer Lagerstätten schon nach der Vorerkundung der ZVK zur Bestätigung eingereicht werden. Die eingehende Erkundung sollte nur dann durchgeführt werden, wenn die betreffende Lagerstätte tatsächlich zu einer Nutzung gebraucht wird.

Die Übergabe einer Lagerstätte zur Nutzung kann — die Erfahrung beweist das — durchaus ohne A- oder B-Vorräte erfolgen, wenn alle notwendigen Unterlagen bereits bei C_1-Vorräten erhalten wurden. Bei einfachen Lagerstätten der Steine und Erden ist das sogar oft der Fall. Jede Weitererkundung zwecks Erreichung von A- oder B-Vorräten wäre eine unnötige Verausgabung von Mitteln. Andererseits kann von einer Übergabereife nicht gesprochen werden, wenn n u r C_2-Vorräte vorliegen. Die Praxis der ZVK kennt keinen Fall, in dem eine solche Entscheidung möglich gewesen wäre.

Die Festlegung des Punktes 3 (§ 6) ist deshalb formal und unrealistisch, weil

1. bei Vorräten in den Klassen A oder B in der Regel auch Vorräte in den Klassen C_1 und C_2 vorliegen und die Klassen nicht losgelöst voneinander, sondern in Verbindung mit den anderen Vorräten betrachtet werden müssen;
2. praktische Maßnahmen, wie Projektierung, Planung und Abbau, sich in der Regel immer auf Vorräte mehrerer Klassen orientieren.

Richtiger wäre es daher, festzulegen, welche Vorratsklassen in ihrer Summe für die jeweiligen Betrachtungen verläßliche Unterlagen liefern. Den produzierenden Betrieben müßte es ferner überlassen bleiben, entsprechend der Eigenart und Erfahrung des jeweiligen Betriebes, den notwendigen Vorratsvorlauf in den einzelnen Klassen selbst so festzulegen (evtl. zu bestätigen durch die VVB), daß die Erfüllung der Planaufgaben gesichert ist.

Jede andere allgemeine Regelung — etwa durch Vorschriften der ZVK — könnte dazu führen, unnötigerweise Mittel auf Jahre zu binden.

5. Abschließende Bemerkungen

Diese Vorschläge verfolgen das Ziel, eine breite Aussprache und einen umfassenden Erfahrungsaustausch zwischen den geologischen Erkundern, Betriebsleitungen unserer Montanindustrie und Ökonomen auszulösen. Nur wenn es zu einer ähnlich gründlichen Abwägung der Meinungen und Argumente kommt wie 1956, werden wir bei der Überprüfung der bestehenden DDR-Klassifikation — die ohne Zweifel notwendig geworden ist — und ihrer Veränderung eine echte Verbesserung erreichen und den neuen Anforderungen gerecht werden.

Literatur

APEL, E.: Höhere Qualität in Planung und Leitung. — In „Die Aufgaben zur weiteren ökonomischen Stärkung der DDR und zur Festigung der sozialistischen Demokratie" (12. Tagung des ZK der SED, 16. bis 19. März 1961), Dietz Verlag, Berlin 1961.

KREJTER, W. M.: Das Aufsuchen und die Erkundung von Lagerstätten nutzbarer Bodenschätze, Bd. II. — Staatl. Wiss.-techn. Verlag für Literatur über Geologie und Lagerstättenschutz, Moskau 1961.

OELSNER, O.: Grundlagen zur Untersuchung und Bewertung von Erzlagerstätten. — Gera 1952.

STAMMBERGER, F.: Zur Klassifizierung von Mineralvorräten. — Z. angew. Geol., **1**, H. 1, S. 14—28 (1955).

VOGEL, E.: Analyse der in verschiedenen Ländern gebräuchlichen Vorratskategorien und eigene Vorschläge zur Klassifikation von Vorräten mit besonderer Berücksichtigung des Gangerzbergbaus. — Freib. Forsch.-H., C 10, 1954.

Klassifikation der Lagerstättenvorräte fester mineralischer Rohstoffe vom 4. September 1956. — Z. angew. Geol. **2**, H. 10, S. 448—450 (1956).

Geologische Arbeitstagung zur Beratung der neuen Vorratsklassifikation fester mineralischer Rohstoffe am 5. Juni 1956 in Leipzig. — Z. angew. Geol., **2**, H. 10, S. 450—465 (1956).

Instruktion zur Anwendung der „Klassifikation der Lagerstättenvorräte fester mineralischer Rohstoffe" auf Blei-Zink-Lagerstätten der DDR. — Z. angew. Geol., **3**, H. 5/6, S. 269—274 (1957).

Klassifikation der Lagerstättenvorräte fester mineralischer Rohstoffe der UdSSR vom 5. Sept. 1960. — Z. angew. Geol., **7**, H. 8, S. 416—417 (1961).

Protokoll über die Tagung der zeitweiligen geologischen Arbeitsgruppe zur Frage der Typenklassifikation der Lagerstättenvorräte fester mineralischer Rohstoffe der Teilnehmerländer des RgW. — Handschrift.

Bemerkungen zu den neuen Richtlinien der ZVK über Form und Inhalt von Vorratsberechnungen

DIETER REINHOLD, Berlin

I. Einleitung

Am 6. Februar 1957 wurden von der Zentralen Vorratskommission für mineralische Rohstoffe der DDR zum erstenmal Richtlinien über Form und Inhalt von Vorratsberechnungen bestätigt. Seit dieser Zeit bilden sie neben der Klassifikation und den Instruktionen die Grundlage für die Berichterstattung über Vorratsberechnungen von mineralischen Rohstoffen.

Bei der Ausarbeitung der Richtlinie vom 6. 2. 1957 wurden die Erfahrungen der Länder des sozialistischen Lagers, vor allem jedoch der Sowjetunion, berücksichtigt. Diese Richtlinie war für die Geologen eine echte Hilfe.

Seitdem haben sich in unserer Wirtschaft und Planung beachtliche Veränderungen vollzogen, die nicht ohne Einfluß auf die Ansprüche an die Berichterstattung bei Vorratsberechnungen bleiben konnten. Daher wurden von der ZVK die Richtlinien über Form und Inhalt von Vorratsberechnungen vom 6. 2. 1957 überarbeitet und am 4. Mai 1961 eine Neufassung bestätigt.

II. Ökonomische Fragen, die bei der Berichterstattung von Vorratsberechnungen zu beachten sind

Die Richtlinien vom 4. Mai 1961 entsprechen in ihrem Aufbau und ihrer Gliederung im wesentlichen den Richtlinien vom 6. 2. 1957. Während die alten Richtlinien jedoch nur die festen mineralischen Rohstoffe betrafen, erfassen die vom 4. 5. 1961 alle mineralischen Rohstoffe. Sie gelten daher entsprechend variiert auch für die Vorratsberechnungen von Erdgas, Erdöl, Wasser u. a. Übereinstimmungen beider Richtlinien sollen in den nachstehenden Ausführungen nicht erwähnt werden, sondern es wird nur auf die wesentlichen Unterschiede eingegangen.

1. Prognostische Vorräte und ihre volkswirtschaftliche Bedeutung

Von der ZVK wurde in den Richtlinien vom 4. Mai 1961 u. a. festgelegt, daß auch die „prognostischen Vorräte der ZVK zur Kenntnis zu geben" sind.

Was sind prognostische Vorräte, und warum sind sie der ZVK einzureichen?

1.1 Prognostische Vorräte

In der Klassifikation der Lagerstättenvorräte an Erdöl und Erdgas der DDR wurde folgende Definition für prognostische Vorräte gegeben:

„Prognostische Vorräte sind solche Lagerstättenvorräte, die durch Untersuchungsarbeiten noch nicht nachgewiesen wurden, jedoch auf Grund geologisch-geophysikalisch begründeter Annahmen in neuen höffigen Gebieten zu erwarten sind, wobei unterstellt wird, daß sie den derzeitigen industriellen Anforderungen (Konditionen) für Bilanzvorräte entsprechen."

Analog der Berechnung der prognostischen Vorräte an Erdöl und Erdgas werden die prognostischen Vorräte fester mineralischer Rohstoffe entsprechend der Aussagesicherheit in die zwei Untergruppen — nicht Klassen — δ_1 und δ_2 unterteilt. Prognostische Vorräte fester mineralischer Rohstoffe gehören zur

„Untergruppe δ_1, wenn sie für nichterkundete Flächen berechnet wurden, die Mineralführung in Schichten, Gängen u. a. in anderen Gebieten festgestellt und der Rohstoff mindestens in einem Punkt nachgewiesen wurde;

Untergruppe δ_2, wenn sie für nichterkundete Flächen berechnet wurden, die Mineralführung in Schichten, Gängen u. a. vermutet wird, der Rohstoff jedoch noch nicht nachgewiesen wurde".

1.2 Volkswirtschaftliche Bedeutung der prognostischen Vorräte

Die Berechnung der prognostischen Vorräte, die der ZVK zur Kenntnis zu geben sind, jedoch nicht von ihr bestätigt werden, müssen in die Bilanz der volkwirtschaftlichen Gesamtvorräte mit eingearbeitet werden. Die „Ressourcen" eines Landes — bei uns zusammengefaßt in der Bilanz der volkswirtschaftlichen Gesamtvorräte — setzen sich aus den Bilanz-, Außerbilanz- und prognostischen Vorräten zusammen. Dagegen bildet die Summe der Bilanz- und Außerbilanzvorräte die „Reserven" eines Landes. (Vgl. Klassifikation der Lagerstättenvorräte an Erdöl und Erdgas.) Auf der Grundlage der Ressourcen kann die Staatliche Plankommission die Richtung und den Umfang der geologischen Erkundungsarbeiten festlegen.

Die Aufstellung der Bilanz über die Ressourcen und Reserven der DDR müßte analog den anderen sozialistischen Ländern vom zentralen Organ für Geologie durchgeführt werden. Diese Entscheidung wird u. a. dadurch bestätigt, daß in einer Bilanz nicht nur die Vorratszahlen, sondern Fragen des Exports und Imports von Rohstoffen, die Werte einer maximalen Vorbelastung der Vorräte durch die geologischen Erkundungskosten und kurze Lagerstättenbeschreibungen enthalten sein müssen.

2. Ökonomische Kennziffern und ihre Bedeutung für Vorratsberechnungen

In die Richtlinien vom 4. 5. 1961 wurden zwei Festlegungen aufgenommen, die bei den Erkundungsgeologen unterschiedliche Reaktionen auslösten. Es handelt sich um die Punkte 7i:

„Gesamtergebnisse der Vorratsberechnung und ihre Gegenüberstellung mit der vorhergehenden Berechnung. Bei neuerkundeten Lagerstätten ist der tatsächliche Erkundungsaufwand in Beziehung zu den erkundeten Vorräten zu setzen."

und 9:

„Industrielle Einschätzung neuerkundeter Lagerstätten."

In den Diskussionen wurde zwar die Notwendigkeit einer industriellen Einschätzung nicht bestritten, jedoch kam zum Ausdruck, daß unbekannt ist, welche Faktoren und mit welcher Genauigkeit für die in den Punkten 7i und 9 geforderte Einschätzung berücksichtigt werden müssen. Auf Grund dieser Tatsachen ist es erforderlich, die beiden Punkte der Richtlinien näher zu erläutern bzw. Wege aufzuzeigen, wie der Geologe zu den geforderten Unterlagen gelangt.

2.1 Erkundungsaufwand und erkundete Vorräte

Bei der Gegenüberstellung des Erkundungsaufwands zu den erkundeten Vorräten muß die Frage geklärt werden, welche anfallenden Kosten bei den geologischen Untersuchungsarbeiten auf die Lagerstätte überschrieben und welche Kosten ausgebucht werden müssen. Die Beantwortung dieser Frage setzt eine straffe Gliederung der geologischen Untersuchungsarbeiten voraus.

Verfasser schlägt vor, die geologischen Untersuchungsarbeiten in zwei Etappen entsprechend ihrer zeitlichen Abfolge und ihrer Bedeutung für die Planung und Abrechnung zu unterteilen (Tab. 1). Wir unterscheiden die Etappe Grundlagenforschung und Sucharbeiten und die Etappe der unmittelbaren Lagerstättenerkundung. Die Etappe der Grundlagenforschung und Sucharbeiten wiederum gliedert sich in die Stadien

a) Studium und Auswertung vorhandener Unterlagen u. a.,
b) Kartierungsarbeiten,
c) Sucharbeiten.

In der Regel wird die Etappe der Grundlagenforschung und Sucharbeiten mit der Berechnung der prognostischen Vorräte, die gewöhnlich von der Staatlichen Geologischen Kommission durchgeführt wird, abgeschlossen.

In der zweiten Etappe, der Etappe der unmittelbaren Lagerstättenerkundung, werden in der Regel im Stadium der

d) Vorerkundung

Vorräte der Klassen C_1 und C_2 und im Stadium der

e) Objekterkundung (eingehende Erkundung)

Vorräte bis zu den Klassen B und A nachgewiesen (Anlage). Gliedert man die geologischen Untersuchungsarbeiten auf diese Weise, so kann die Frage der Kostenaufschlüsselung auf die Vorräte wahrscheinlich nur so beantwortet werden, daß alle aufgelaufenen Kosten in der Etappe der Grundlagenforschung und Sucharbeiten ausgebucht, während die aufgelaufenen Kosten in der Etappe der unmittelbaren Lagerstättenerkundung auf die Lagerstätte überschrieben werden müssen. Bei negativem Ausgang der Vorerkundung, d. h., wenn keine Lagerstätten nachgewiesen wurden, sind die aufgelaufenen Kosten ebenfalls auszubuchen.

Der Erkundungsaufwand ist dann der Summe der erkundeten Vorräte (Bilanz- und Außerbilanzvorräte) und zum anderen der Summe der Bilanzvorräte gegenüberzustellen und auf eine Tonne Bilanzvorrat und Inhalt der Nutzkomponente umzurechnen. Diese Gegenüberstellung ist zwar unvollständig, da die Kosten für die Erkundung von Vorräten in den einzelnen Vorratsklassen unterschiedlich sind, gibt jedoch annähernde Werte für die erste Einschätzung. Bei Lagerstätten, bei denen eine Aufschlüsselung des Erkundungsaufwands auf die einzelnen Vorratsklassen möglich ist, ist sie durchzuführen.

Diese Kostenaufschlüsselung, die die Vorbelastung pro Tonne Vorrat bzw. Inhalt nutzbarer Komponente

Tab. 1. Gliederung der geologischen Untersuchungsarbeiten

Etappen der geol. Untersuchungsarbeiten	Die einzelnen Stadien der Etappen	Vorräte nach Gruppen und Klassen	Kennziffern für Vorratsberechnungen	Projektierungsarbeiten	Allgemeine Bemerkungen
1. Etappe: Grundlagenforschung und Sucharbeiten	Studium und Auswertung vorhandener Unterlagen u. a.			Projekt für die Kartierungsarbeiten	
	Kartierungsarbeiten			Projekt für die Sucharbeiten in einem Gebiet	Die aufgelaufenen Kosten werden ausgebucht.
	Sucharbeiten	Prognostische Vorräte, unterteilt in die Untergruppen	Allgemeine Richtwerte	Projekt für die Erkundung eines mineralischen Rohstoffs	
2. Etappe: unmittelbare Lagerstättenerkundung	Vorerkundung	Bilanz- und Außerbilanzvorräte: Vorratsklassen C_2 b. C_1	Allgemeine Richtwerte Nach Abschluß der Vorerkundung werden die C_1- und C_2-Vorräte nach Konditionen berechnet.		Die aufgelaufenen Kosten werden auf die Lagerstätte überschrieben.
	Objekterkundung = eingehende Erkundung	Vorratsklassen b. A bzw. a	Konditionen	Vorplanung für das Gesamtprojekt	

ausdrückt, ist den im geologischen Projekt ausgewiesenen Kosten und Vorräten gegenüberzustellen.

2.2. Industrielle Einschätzung neuerkundeter Lagerstätten

Eine Beantwortung aller Fragen im Rahmen einer industriellen Einschätzung wird in den wenigsten Fällen vom Geologen allein vorgenommen werden können. Er muß vielmehr zur Klärung der Probleme eng mit dem Bergmann und Ökonomen zusammenarbeiten. Da die Details von den zuständigen Projektierungsbüros ermittelt werden, kann sich die industrielle Einschätzung durch den Geologen auf die wesentlichsten Kennziffern beschränken. Zum besseren Verständnis werden die Begriffe der industriellen Einschätzung und ökonomischen Bewertung von Lagerstätten definiert, da beide Begriffe noch verschieden ausgelegt werden. F. STAMMBERGER schreibt dazu in seiner noch nicht veröffentlichten Arbeit „Zur ökonomischen Bewertung von Lagerstätten nutzbarer Rohstoffe", folgendes:

„Die industrielle Einschätzung einer Lagerstätte beurteilt ihre Eignung zu einer industriellen Nutzung. Die ökonomische Bewertung der Lagerstätte beurteilt ihre Bedeutung für die Volkswirtschaft und entscheidet über die Zweckmäßigkeit, die Lagerstättenmöglichkeiten jetzt oder zu einem anderen Zeitpunkt zu realisieren."

Welche Kennziffern werden für die industrielle Einschätzung neuerkundeter Lagerstätten benötigt, wie werden sie ermittelt, bzw. welche Institutionen sind für die Ausarbeitung dieser Werte einzuschalten? Im wesentlichen handelt es sich um die drei großen Komplexe:

a) Bestimmung der optimalen Jahreskapazität;
b) Einschätzung der Investitionen für neuzuerrichtende Betriebsanlagen;
c) Einschätzung der zu erwartenden Selbstkosten.

In der Regel sollte sich der Geologe bei der Bestimmung dieser Faktoren auf bereits in Produktion stehende analoge Betriebe stützen. Wo diese Möglichkeit nicht gegeben ist, müssen die zuständigen Projektierungsbüros eingeschaltet werden.

Bei der industriellen Einschätzung von Lagerstätten ist von der Summe der gewinnbaren Vorräte, dem Durchschnittsgehalt der nutzbaren Komponenten, der Teufe u. a. bergmännischen Bedingungen auszugehen, wobei eine durchschnittliche Lebensdauer für Grube, Aufbereitung u. a. von mindestens 25 bis 30 Jahren zu veranschlagen ist. Dabei muß in der Regel der Durchschnittsgehalt für das Förderprodukt für die geplante Zeit garantiert werden.

2.21 Industrielle Nutzung von Lagerstätten

Durch die volkswirtschaftliche Notwendigkeit wird bestimmt, ob eine Lagerstätte genutzt bzw. nicht genutzt wird. Diese Entscheidung ist abhängig vom Verhältnis Bedarf zur möglichen Abdeckung nicht nur des eigenen Landes, sondern des gesamten sozialistischen Lagers. Daneben können besondere Situationen im eigenen Land die Entscheidung über eine Nutzung bestimmen. Diese volkswirtschaftlichen Erwägungen können vom Geologen bei der Einschätzung der industriellen Nutzung einer Lagerstätte unberücksichtigt gelassen werden, da bereits mit dem Auftrag der Erkundung des jeweiligen Rohstoffs die Entscheidung getroffen wurde.

2.22 Ermittlung der optimalen Jahreskapazität

Was ist unter optimaler Jahreskapazität zu verstehen, und welche Faktoren bestimmen sie? Dazu wird nachstehende Definition vorgeschlagen:

Unter optimaler Jahreskapazität ist die Jahreskapazität einer Betriebsanlage zu verstehen, bei der zwischen Produktionsvolumen, Arbeitskräfteaufwand, Investitionen und Selbstkosten das günstigste wirtschaftliche Verhältnis besteht. Das Verhältnis findet seinen Ausdruck in der günstigsten Amortisationsfrist, d. h. Lebensdauer der Betriebsanlagen. Die optimale Jahreskapazität wird bestimmt durch die volkswirtschaftliche Notwendigkeit, wobei der finanzielle Gewinn pro Einheit Produkt bzw. die finanzielle Zuführung pro Einheit Produkt entsprechend den Möglichkeiten von der Staatlichen Plankommission festgelegt wird.

In den meisten Fällen wird vom Geologen nur nach Konsultation mit den zuständigen Projektierungsbüros die Berechnung der optimalen Jahreskapazität möglich

Tab. 2.

Vorräte in Mill. t	optimale Jahreskapazität in Tt	Amortisationsfrist in Jahren
10	ca. 632	ca. 16
20	ca. 894	ca. 22
30	ca. 1095	ca. 27
40	ca. 1265	ca. 31
50	ca. 1414	ca. 35
60	ca. 1549	ca. 38
90	ca. 1897	ca. 47
120	ca. 2191	ca. 54

sein, da neben den gewinnbaren Vorräten, der Lagerstättensituation solche Faktoren wie Abbausystem, Arbeitsproduktivität, Investitionsaufwand, Selbstkosten u. a. berücksichtigt werden müssen.

Aus der sowjetischen Literatur sind z. B. zwei empirische Formeln für die Ermittlung der optimalen Jahreskapazität bekannt, die jedoch nach erster Überprüfung in der vorliegenden Form wahrscheinlich nur in beschränktem Umfang für unsere Verhältnisse anzuwenden sind.

Für die Buntmetallindustrie der Sowjetunion wurde von Pomeranzew (nach F. Stammberger 1961) folgende empirische Formel entwickelt:

$$A = 200 \sqrt{V}$$

A — optimale Jahreskapazität, V — Vorräte in Tonnen

Da die Festlegung der optimalen Jahreskapazität unter unseren Verhältnissen von der Amortisationsfrist der Betriebsanlagen ausgehen muß, kann die Formel von Pomeranzew nur für eine Vorratsmenge zwischen 20 und 50 Mill. t angewendet werden. Bei einer Vorratsmenge unter 20 Mill. t bzw. über 50 Mill. t ist die Amortisationsfrist für die Betriebsanlagen zu gering bzw. zu groß (s. Tab. 2).

Tab. 3.

Vorräte in Mill. t	optimale Jahreskapazität in Tt	Amortisationsfrist in Jahren
10	ca. 772	ca. 13
20	ca. 1182	ca. 17
30	ca. 1348	ca. 22
40	ca. 1366	ca. 29
50	ca. 1334	ca. 37
60	ca. 1346	ca. 44
90	ca. 2612	ca. 34
120	ca. 7738	ca. 15

Es ist erforderlich, daß die Projektierungsbüros der DDR für ihren Industriezweig die Formeln von Pomeranzew überprüfen, wobei berücksichtigt werden muß, daß die Zahl 200 ein Koeffizient für die Buntmetallindustrie der Sowjetunion ist. W. M. Krejter (1961) schreibt dazu:

„Bei der orientierungsmäßigen Einschätzung von Eisenerzlagerstätten kann man die Jahreskapazität des zukünftigen Betriebes für Erz (A) bei Tiefbau nach der Formel von W. W. Pomeranzew

$$A = k \sqrt{V}$$

bestimmen, wobei k ein Koeffizient ist, der von der Größe der Erzvorräte (V) abhängt."

Bei V = kleiner als 1 Mill. t ... k = 100
V = 1— 5 Mill. t ... k = 150
V = 5—10 Mill. t ... k = 200
V = 10—40 Mill. t ... k = 250 bis 300

Die zweite empirische Formel für die Berechnung der optimalen Jahreskapazität lautet:

$$A = 0{,}016\, V^3 - 2{,}176\, V^2 + 95\, V + 24$$

A — optimale Jahreskapazität in Tt, V — Vorräte in Mill. t

Eine Einschränkung über den Anwendungsbereich dieser Formel ist nicht bekannt. Es werden daher, um zu prüfen, ob die Ermittlung der optimalen Jahreskapazität unter unseren Verhältnissen mit dieser Formel erfolgen kann (s. Tab. 3), die gleichen Zahlenbeispiele wie in Tab. 2 verwendet.

Wie bereits eine oberflächliche Betrachtung der Zahlen ergibt, ist diese Formel für die Berechnung der optimalen Jahreskapazität für unsere Verhältnisse wahrscheinlich ebenfalls nur für den Bereich zwischen 20 und 50 Mill. t Vorräten anwendbar.

Da z. Z. keine Formel zur Berechnung der optimalen Jahreskapazität unter unseren Verhältnissen bekannt ist, müssen in nächster Zeit allgemeingültige Formeln für alle Mineralgebiete bzw. spezielle Formeln oder Nomogramme für die einzelnen Mineralgebiete ausgearbeitet werden, mit deren Hilfe der Geologe ohne Durchführung komplizierter Rechenoperationen die erforderlichen Kennziffern für die industrielle Einschätzung ermitteln kann.

2.23 Einschätzung der Investitionen für neuzuerrichtende Betriebsanlagen

Ein ähnliches Problem, wie die Ermittlung der optimalen Jahreskapazität, ist für den Geologen die Einschätzung der Investitionen für neuzuerrichtende Betriebsanlagen.

In der Sowjetunion hat W. W. Pomeranzew für die Buntmetallindustrie eine Näherungsformel für die Berechnung der Gesamtinvestitionen und für die Investitionen, die in die industrielle Amortisation eingehen, aufgestellt.

Es ist zu überprüfen, inwieweit beide Formeln für unsere Verhältnisse Gültigkeit haben. Nach Pomeranzew werden die Gesamtinvestitionen wie folgt bestimmt:

$$K = 300\, A + 40\,000\,000$$

K — Gesamtinvestitionen, A — $200 \sqrt{V}$ (optimale Jahreskapazität in t)

Legt man die Werte der optimalen Jahreskapazität — berechnet nach der Formel von Pomeranzew — zugrunde, so werden für die im Abschnitt 2.22 angegebenen Vorräte die in Tab. 4 zusammengestellten Investitionen benötigt.

Tab. 4.

Vorräte in Mill. t	optimale Jahreskapazität in Tt nach Pomeranzew	Gesamtinvestitionen in Mill. Rubel (alte Währung)	Investitionen der industriellen Amortisation in Mill. Rubel (alte Währung)
10	ca. 632	ca. 230	ca. 170
20	ca. 894	ca. 308	ca. 228
30	ca. 1095	ca. 369	ca. 273
40	ca. 1265	ca. 420	ca. 311
50	ca. 1414	ca. 464	ca. 344
60	ca. 1549	ca. 505	ca. 374
90	ca. 1897	ca. 609	ca. 451
120	ca. 2191	ca. 697	ca. 516

Nach POMERANZEW werden ca. 25% der Gesamtinvestitionen für Sozial- und Kulturbauten verwendet und gehen damit nicht in die industrielle Amortisation und die Selbstkosten ein. Die restlichen 75% der Gesamtinvestitionen werden nach der Formel

$$K_1 = 222\,A + 30000000$$

berechnet.

Neben der Berechnung der benötigten Investitionen ist die Frage des Nutzeffekts der Investitionen zu ermitteln. Dazu schreibt F. STAMMBERGER (1961):

„Die errechneten Investitionen sind abschließend auf ihre Effektivität einzuschätzen. Hierfür kommen zwei Kennziffern in Frage, die den Nutzeffekt der Investitionen, den Vorteil für die Volkswirtschaft zum Ausdruck bringen:

$$Ne_1 = \text{Investitionen/Vorräte}$$
$$Ne_2 = \text{Investitionen/Kapazität}$$

Die erste Kennziffer (Ne_1) gibt an, wieviel Investitionen jede Tonne Vorrat verlangt, d. h., wie investintensiv die Lagerstätte ist. Die zweite Kennziffer (Ne_2) gibt an, wieviel Investitionsmittel benötigt werden, um die Erzkapazität um eine Tonne zu steigern. Ein eindeutig vergleichbares Bild wird jedoch in beiden Fällen nur erhalten, wenn beide Kennziffern auf den Metallinhalt pro Tonne Erz bezogen werden."

2.24 Einschätzung der zu erwartenden Selbstkosten

Ein wesentlicher Faktor bei der industriellen Einschätzung von Lagerstätten ist die Berechnung der Selbstkosten.

„Die Selbstkosten sind der in Geldform ausgedrückte Teil der gesellschaftlichen Produktionskosten, der die Aufwendungen des Betriebs für die verbrauchten Produktionsmittel und die Löhne ersetzt. Die Selbstkosten setzen sich zusammen aus den Ausgaben für die in der Produktion verbrauchten Roh-, Hilfs- und Brennstoffe, aus den Abschreibungen, aus den Löhnen ... einschließlich der Sozialabgaben und aus den verschiedenen Geldausgaben für Zwecke der Verwaltung" (Politische Ökonomie, Lehrbuch 1955).

Für die industrielle Einschätzung einer Lagerstätte durch den Geologen genügt die Berücksichtigung der wesentlichen Faktoren. Von W. W. POMERANZEW wurde für die Berechnung der Selbstkosten die Formel

$$S = e + z + q$$

S — Selbstkosten, e — Gewinnungskosten, z — Amortisationskosten, q — allgemeine Betriebskosten

entwickelt.

Betriebsvergleiche durch POMERANZEW haben ergeben, daß die nach dieser Formel errechneten Werte den tatsächlichen sehr nahekommen und damit vom Geologen diese Formel für die Berechnung der Selbstkosten angewendet werden kann.

Für die Ermittlung der in die obengenannte Formel eingegangenen Faktoren werden folgende Formeln angegeben:

$$e = a + b/A$$

e — Gewinnungskosten, a und b — konstante Werte für den Industriezweig, A — Kapazität der Grube in Tt

$$z = xA + y/V$$

z — Höhe der Amortisation pro Tonne Förderung, x und y — konstante Werte für den Industriezweig, V — Vorräte in Tt

$$q = c + d \cdot A$$

q — allgemeine Betriebskosten, c und d — konstante Werte für den Industriezweig, A — Kapazität der Grube in Tt

Bei der Berechnung der Gewinnungskosten, der Höhe der Amortisations- und der allgemeinen Betriebskosten für neue Lagerstätten werden ausgehend von zwei bestehenden analogen, jedoch unterschiedlich großen Betrieben die erforderlichen Kennziffern errechnet und als Konstanten in die Formel für die Berechnung einer neuen Lagerstätte des betreffenden Industriezweiges eingesetzt.

Nähere Einzelheiten über die Berechnung der Selbstkosten können in der Arbeit von F. STAMMBERGER, „Zur ökonomischen Bewertung von Lagerstätten nutzbarer Rohstoffe", nachgelesen werden.

III. Schlußbemerkungen

Die exakte ökonomische Einschätzung der geologischen Arbeiten erfordert eine straffe Gliederung der geologischen Untersuchungsarbeiten. Es wird daher eine Unterteilung der geologischen Untersuchungsarbeiten in zwei Etappen, die wiederum in verschiedene Stadien gegliedert werden, vorgeschlagen. Das Ergebnis der Arbeiten in diesen beiden Etappen findet in der Regel seinen Ausdruck im Nachweis von Vorräten der verschiedenen Vorratsgruppen und -klassen, wobei prognostische Vorräte, die im wesentlichen in der ersten Etappe der geologischen Untersuchungsarbeiten anfallen, gewöhnlich nur von der Staatlichen Geologischen Kommission berechnet werden.

Für die Festlegung des Erkundungsaufwands und der Erkundungsrichtung ist die Aufstellung von Bilanzen der Reserven und Ressourcen unbedingt erforderlich. Diese Bilanzen müßten von der Staatlichen Geologischen Kommission ausgearbeitet werden.

Die Berechnung der optimalen Jahreskapazität, der benötigten Investitionen und Selbstkosten für die industrielle Einschätzung neuer Lagerstätten setzt voraus, daß die angegebenen Formeln aus der Sowjetunion auf ihre Anwendungsmöglichkeit für unsere Verhältnisse überprüft bzw. neue Formeln und Nomogramme erarbeitet werden. Bis zur Ausarbeitung der Formeln und Nomogramme muß der Geologe die erforderlichen Kennziffern, die auf Grund von Analogieschlüssen bzw. speziellen Studien der Projektierungsbüros festzulegen sind, anwenden.

Literatur

BLONDEL, F.: Zum Begriff der „Vorräte" einer Minerallagerstätte. — Erzmetall, **11**, S. 115—129 (1958).

KAUTZSCH, E.: Die einzelnen Stadien bei der geologischen Erkundung nutzbarer mineralischer Rohstoffe. — Z. angew. Geol., **5**, S. 523—528 (1959).

KREJTER, W. M.: Das Aufsuchen und die Erkundung von Lagerstätten nutzbarer Bodenschätze. — Bd. II, Moskau 1961.

LOMBARD, J.: Die Beziehungen zwischen nachgewiesenen Vorratsmengen, Investitionsaufwand und Ökonomischem Nutzeffekt. — Z. angew. Geol. **6**, S. 25—27 (1960).

MÜLOT, E.: Begutachtung von Erzlagerstätten und bergbauliche Aufschlußprojektierung. — Z. angew. Geol., **6**, S. 555—561 (1960).

SCHEFFLER, H.: Der spezifische Erkundungsaufwand. — Z. angew. Geol., **7**, S. 31—32 (1961).

STAMMBERGER, F.: Einige Bemerkungen zur Diskussion über die Vorratsklassifikation. — Z. angew. Geol. **4**, S. 157—161 (1958).

— Lagerstättenvorräte, Investitionsaufwand und ökonomischer Nutzeffekt. — Z. angew. Geol., **6**, S. 27—30 (1960).

— Zur Festlegung der Konditionen für mineralische Rohstoffe. — Z. angew. Geol., **6**, S. 160—166, S. 215—221, S. 444—450, S. 490—496 (1960).

— Zur ökonomischen Bewertung von Lagerstätten nutzbarer Rohstoffe. — 1961, noch nicht veröffentlicht.

VOGEL, E.: Zur Erkundung von Lagerstätten. — Bergbautechnik, April 1956.

Klassifikation der Lagerstättenvorräte fester mineralischer Rohstoffe. — Z. angew. Geol., **2**, S. 448—450 (1956).

Klassifikation der Lagerstättenvorräte an Erdöl und Erdgas. — Z. angew. Geol., **7**, S. 454—455 (1961).

Richtlinien der ZVK über Form und Inhalt von Vorratsberechnungen. — Z. angew. Geol., **3**, S. 189—191 (1957).

Richtlinien der ZVK über Form und Inhalt von Vorratsberechnungen vom 4. Mai 1961. — Z. angew. Geol., **7**, S. 479—482 (1961).

Politische Ökonomie, Lehrbuch. — Dietz Verlag, Berlin 1955.

Vorläufige Richtlinien für die geologische Erkundung von Lagerstätten. — Berlin, 15. 10. 1952 (herausgegeben von der Staatlichen Geologischen Kommission).

Zum Abbau von Gaskondensatlagerstätten [1]

M. A. ISKENDEROW, Moskau

Allgemeines

Die ersten Gaskondensatlagerstätten wurden während der dreißiger Jahre in den USA entdeckt. Etwas später fand man sie auch in der Sowjetunion, und zwar bei Saratow, im Gebiet von Stalingrad, Charkow, Poltawa, im Gebiet von Krasnodar sowie in der Usbekischen und Turkmenischen SSR. 1955 wurde in der Aserbaidshanischen SSR die Gaskondensatlagerstätte Karadag entdeckt, aus der erfolgreich gefördert wird. Die in den letzten Jahren durchgeführten geologischen Erkundungsarbeiten zeigen deutlich, daß in Aserbaidshan noch weitere Lagerstätten vom Typ Karadag zu erwarten sind.

Allgemein wird heute angenommen, daß sich Gaskondensatlagerstätten von gewöhnlichen Gaslagerstätten dadurch unterscheiden, daß in ihnen das Gas große Mengen hochmolekularer Kohlenwasserstoffe enthält. Lagerstätten dieses Typs sollten zu den Übergangslagerstätten zwischen Erdöl- und Erdgaslagerstätten gezählt werden.

Erdöllagerstätten bestehen überwiegend aus flüssigen Kohlenwasserstoffen, in denen gasförmige Kohlenwasserstoffe gelöst sein können. Bei einem Gaslager handelt es sich gewöhnlich um gasförmige Kohlenwasserstoffe, in dem die evtl. vorhandenen flüssigen Kohlenwasserstoffe in flüssiger Phase auftreten („Erdölsaum") und nicht in den gasförmigen Kohlenwasserstoffen gelöst sind. In Gaskondensatlagerstätten überwiegen gasförmige Kohlenwasserstoffe, in denen flüssige Kohlenwasserstoffe ganz oder teilweise gelöst sind, was jedoch nicht ausschließt, daß in diesen Lagerstätten auch Erdölsäume auftreten können.

Die in einem Gaskondensatlager an der Zusammensetzung des Gases beteiligten flüssigen Kohlenwasserstoffe entstanden durch Rückverdampfung. Das Wesen einer Rückverdampfung und Kondensation besteht darin, daß bei Drücken und Temperaturen über der für ein Gemenge mit bestimmter Zusammensetzung geltenden kritischen Grenze eine Zunahme des Druckes dazu führt, daß die einzelnen Komponenten des Gemenges verdampfen und umgekehrt bei einer isometrischen Abnahme des Druckes kondensieren.

Gaskondensatlagerstätten treten in größeren Tiefen auf, so daß aus technischen und manchmal auch aus wirtschaftlichen Gründen ein Abbau ungünstig erscheint. Bei der Förderung aus Gaskondensatlagerstätten verringert sich der Schichtdruck [2]), und infolge einer Rückkondensation fällt eine gewisse Menge hochsiedender Kohlenwasserstoffe in Form von Flüssigkeit in der Schicht aus, die man als Kondensat bezeichnet.

Das in einer Lagerstätte als Folge der Rückkondensation ausgefallene Kondensat kann beim heutigen Stand der Technik nicht gefördert werden. Berücksichtigt man den hohen Wert des Kondensats als Rohstoff für die chemische Industrie oder für die Herstellung von Fahrzeugbenzin und anderen Stoffen, so wird, um den Verlust an Kondensat in einer Schicht auf ein Minimum zu senken, die Nutzung von Gaskondensatlagerstätten dringend notwendig. Im Abbauprojekt für Erdöllagerstätten sollte daher zur Senkung der Verluste an Kondensat eine maximale Nutzung des Schichtdrucks vorgesehen werden. Allerdings wird bei der Förderung aus Gaskondensatlagerstätten trotzdem Kondensat ausfallen und damit verlorengehen.

[1]) Aus: Sowjetskaja geologija, H. 9, S. 17–24, Moskau 1960. – Übers.: H.-J. TESCHKE (etwas gekürzt)

[2]) Schichtdruck = Lagerstättendruck (d. Red.)

Förderungs-, Exploitations- und Untersuchungsmethoden bei Gaskondensatlagerstätten

Die Gaskondensatlagerstätten unterscheiden sich von Erdöl- und Erdgaslagerstätten durch die Förderungs-, Exploitations- und Untersuchungsmethoden.

Bekanntlich muß bei der Ausbeutung neuer Gaslager, in denen der Anfangsdruck über 100 at beträgt, zunächst durch Gasprobenanalysen der Gehalt an leichten und schwereren Kohlenwasserstoffen bestimmt werden. Aber noch weitere für Förderung und Exploitation der Gaskondensatlager wichtige Untersuchungen sind sowohl unter Laboratoriumsverhältnissen als auch unter Lagerstättenverhältnissen durchzuführen:

1. Bestimmung der Druckhöhe eines einphasigen Zustandes und des Druckes zu Beginn der Kondensation;
2. Ermittlung der Isothermen und Isobaren der Kondensation;
3. Ermittlung der Menge des ausgeschiedenen Kondensats in g/m³ für verschiedene Drücke und Temperaturen;
4. Bestimmung der Verlustmenge an Kondensat in Abhängigkeit vom Schichtdruck;
5. Bestimmung des Ausbringekoeffizienten an Kondensat in Abhängigkeit vom Schichtdruck;
6. Ermittlung von Größe und Charakter der Veränderung des Gasfaktors in Abhängigkeit vom Druck (Schichtdruck, Sohldruck);
7. Ermittlung des Schichtdruckabfalls in Abhängigkeit von der Menge des zu fördernden Gases und Kondensats;
8. Ermittlung der maximal zulässigen Fördermenge, bei der das gesamte ausgeschiedene Kondensat zur Oberfläche gelangt (die Bestimmung erfolgt für jede Bohrung);
9. Bestimmung der Veränderung in der Zusammensetzung der Fraktionen und der physiko-chemischen Eigenschaften des Gases und des Kondensats in Abhängigkeit von der Druckänderung;
10. Ermittlung der mechanischen Verluste an Kondensat bei der Trennung.

Um eine rationelle Exploitation eines Gaskondensatlagers planen zu können, müssen durch die geologische Erkundung und durch Versuchsförderung hinreichend genaue Daten über die Vorräte an Gas, Kondensat und Erdöl (sofern ein Erdölsaum vorhanden ist), die Geometrie des Flözes, die Speichereigenschaften der den produktiven Horizont aufbauenden Gesteine, die Charakteristik des wasserführenden Teiles des Flözes u. a. bekannt sein.

Eine Besonderheit von Gaskondensatlagern ist das Auftreten von sog. Erdölsäumen in den tieferen Teilen der Schichten, bei denen es sich manchmal um industriell wichtige Erdölvorräte handeln kann. Diese Möglichkeit muß bei der Planung geologischer Erkundungsarbeiten berücksichtigt werden, da im Abbauprojekt eines Gaskondensatlagers die industrielle Nutzung der Erdölsäume mit einbezogen sein muß.

Entsprechend der Größe der vorhandenen Vorräte und der volkswirtschaftlichen Aufgabenstellung kommen bestimmte Förderungsarten in Betracht. Es ist z. B. zu beachten, daß es trotz des großen Wertes des Kondensats als industrieller Rohstoff nicht immer rationell ist, eine Gaskondensatlagerstätte zur Verringerung des Verlustes an Kondensat mit Hilfe künstlicher Einwirkungen auf den Schichtdruck auszubeuten, da dies beträchtliche Investitionen erfordert. Die Exploitation von Gaskondensatlagern mit Unterstützung des Schichtdrucks ist nur bei recht hohen Gas- und Kondensatvorräten wirtschaftlich vertretbar. Nach M. A. SHDANOW betrachtet man in den USA eine künstliche Unterstützung bei der Exploitation von Gaskondensatlagern als angebracht, wenn der Kondensatgehalt im Gas mehr als 200 cm^3/m^3 und die Gasvorräte mehr als 7 Mrd. m^3 betragen. Je mehr Kondensat in einem Kubikmeter Gas enthalten ist, um so weniger Gasvorräte sind erforderlich, um ein Gaskondensatlager mit Unterstützung von Schichtdruck zu exploitieren. M. Mascet ist der Meinung, daß die Durchführung eines Zirkulationsprozesses in Schichten, in denen das Kondensat bei einem Gasfaktor von 9000 cm^3/m^3 und darüber gefördert wird, gewöhnlich als unwirtschaftlich anzusehen ist. Bei der Projektierung des Abbaus von Gaskondensatlagern ist also eine sorgfältige Prüfung des Verhältnisses zwischen den Vorräten an Gas und Kondensat unerläßlich.

In diesem Zusammenhang soll noch einmal auf die Kerngewinnung aus produktiven Horizonten eingegangen werden. Bekanntlich bieten die heute verwendeten Kernmeißel selbst in geringen Tiefen keine Gewähr für einen einwandfreien und vollständigen Kerngewinn. Die Gaskondensatlager liegen nun in der Regel in Tiefen von über 3000—4000 m und darunter, in denen für eine Kernentnahme sehr schwierige Bedingungen herrschen. Bei der Untersuchung der Speichereigenschaften produktiver Horizonte und zur Ermittlung ihrer tatsächlichen Mächtigkeit sollte — um die Kernentnahme zu ergänzen und in einigen Fällen sogar zu ersetzen — weitgehend die Lagerstättengeophysik herangezogen werden.

Bei der Berechnung der unterirdischen Gasvorräte nach der Volumenmethode treten bei der Bestimmung der effektiven Porosität und der effektiven Mächtigkeit eines Speichers beträchtliche Schwierigkeiten auf. Einige Mitarbeiter des WNIIGasa (E. M. Minski, J. P. Korotajew, W. S. Worobjew u. a.) schlugen daher vor, das Volumen einer Schicht $Q = mh$ (Produkt der effektiven Porosität mal effektive Mächtigkeit) auf Grund von Reduktionskurven des Druckes bei den hydrodynamischen Untersuchungen der Bohrung zu bestimmen. Diese neue Methode erhöht nach Meinung der Autoren die Genauigkeit der Volumenmethode zur Berechnung von Gasvorräten und ist sicherlich aussichtsreich. Die so errechneten Vorräte der Gaskondensatlagerstätte Karadag waren jedoch fast um die Hälfte geringer als die nach der Volumenmethode errechneten, was offenbar mit der unzureichenden Bearbeitung der Bohrung zusammenhängt.

Um eine vollständige Ausbeute der Gaskondensatlagerstätten zu ermöglichen, sind auch einige Probleme der Filtrationstheorie zu lösen, u. a. die Bestimmung des Zuflusses an Gas und Kondensat in einer Sonde bei Sohldrücken unterhalb und bei Schichtdrücken oberhalb des Anfangsdruckes der Kondensation.

Erwähnt sei ferner, daß Versuche notwendig sind zur Aufhebung der Kurven der Phasendurchlässigkeit bei Nichtstandardbewegungen von Gaskondensatgemischen sowie zur Bestimmung von ρ_{ok}. Der Wert ρ_{ok} ist insbesondere zur Bestimmung des Verlustes an Kondensat für die Exploitation von Gaskondensatlagerstätten bei Erschöpfung unumgänglich.

Nach Klärung dieser Fragen können zahlreiche Förderkennwerte analytisch bestimmt werden, so daß eine wissenschaftlich begründete Exploitation von Kondensatlagerstätten sowohl bei Anwesenheit als auch beim Fehlen von Erdölsäumen möglich ist.

Ferner sind Versuche zur Errechnung von Kondensationskurven und folglich zur Bestimmung des Druckes bei einsetzender und maximaler Kondensation in einem porösen Medium erforderlich.

Die entsprechenden Untersuchungen müssen auch für die Aufstellung der die Wiederherstellung des Druckes zeigenden Kurven durchgeführt werden. Besondere Aufmerksamkeit verdient ferner die Bestimmung des gebundenen Wassers; denn sie zeigt für eine Reihe von Lagerstätten die Unbrauchbarkeit der dafür aufgestellten Johnson-Kurven. Besonders wichtig ist das bei der Berechnung von Gasvorräten durch die Volumenmethode.

Von der richtigen Bestimmung der mittleren Suspensionswerte des Schichtdrucks hängt die Genauigkeit der durchgeführten Vorratsberechnungen ab. Sehr oft wird der Schichtdruck als mittlerer Suspensionswert pro Flächeneinheit ermittelt. Das ist jedoch nur dann zulässig, wenn sich die wirkliche Mächtigkeit eines produktiven Horizonts über ein großes Gebiet nicht ändert. Bei merklichen Mächtigkeitsänderungen sollte der mittlere Suspensionsschichtdruck auf Grund des Schichtvolumens ermittelt werden.

Die angewandte Fördermethode richtet sich nach den vorhandenen Vorräten an Gas, Kondensat oder Erdöl (sofern ein Ölsaum vorhanden).

Bekanntlich sind für die Exploitation von Gaslagern wesentlich weniger Fördersonden erforderlich als für die Exploitation von Erdöllagern, was sich durch die größere Beweglichkeit des Gases erklärt. In Gaskondensatlagerstätten handelt es sich um eine Gasphase, so daß aus ihnen wie aus gewöhnlichen Gaslagerstätten gefördert werden kann. Zu berücksichtigen ist jedoch, daß bei der Exploitation von Gaskondensatlagern eine Rückkondensation erfolgt, die zu einem Abfall des Schichtdrucks und zum Ausfall des Kondensats in der Schicht führt. Ein Ausbeuten der Gaskondensatlager durch Unterstützung des Schichtdrucks ermöglicht zwar ein vollständiges Ausbringen der Kondensatvorräte, setzt aber höhere Investitionen voraus und ist nur bei größeren Vorräten an Gas und Kondensat zu vertreten.

Zur Unterstützung des Schichtdrucks in Gaskondensatlagern erfolgen während der Förderung eine Rückführung von Gas in die Schicht und eine Entnahme von Wasser. Beim Wiedereinpressen von Gas in eine Schicht werden zunächst gleichzeitig flüssige Kohlenwasserstoffe entnommen. Der Hauptnachteil dieser Methode besteht darin, daß im Laufe von 15 bis 20 Jahren das zu fördernde Gas nicht genutzt werden kann. Beim Wiedereinpumpen des Gases in eine Schicht sind die Förder- und Einpreßsonden in Reihen angeordnet. Dabei sind verschiedene Varianten möglich: Es können die Fördersonden im Zentrum eines produktiven Feldes und die Einpreßsonden an der Peripherie liegen bzw. umgekehrt.

Um die Wirksamkeit der künstlichen Einwirkung zu erhöhen und die zur Verfügung stehenden Bohrungen besser auszunutzen, ist der Abstand zwischen den Reihen mit Einpreß- und Fördersonden unter Berücksichtigung der Speichereigenschaften und der Gas-Öl-Abgabe der Schichten maximal zu vergrößern. Dadurch kann eine möglichst große Schichtfläche mit trockenem Gas beschickt werden. In den USA werden in der Praxis in den Verpressungsreihen Sondenabstände von 800 bis 1200 m, bei Förderreihen Sondenabstände von 400 bis 800 m gewählt.

Das Einpressen von trockenem Gas in eine Schicht senkt zwar den Verlust an Kondensat beträchtlich, kann ihn aber aus verschiedenen Gründen nicht ganz verhindern:

1. Die Mengen des in eine Schicht einzupressenden und des zu fördernden Gases entsprechen nicht einander (nach der Trennung des Gases aus dem Kondensat nimmt das Volumen des Kondensats ab);
2. die Schicht wird durch den Ausbringeprozeß mit trockenem Gas unvollständig erfaßt (frühe Durchbrüche trockenen Gases zu den Fördersonden infolge inhomogenen lithologischen Aufbaus und der Porosität der Schicht);
3. der von dem Ausbringeprozeß erfaßte Teil einer Schicht wird unvollständig mit trockenem Gas durchspült.

Einige Fachleute empfehlen, in Gaskondensatlagern den Anfangsschichtdruck durch Entnahme von Wasser zu unterstützen. Doch teilen sich in dieser Frage die Meinungen. Der Hauptvorteil der Wasserentnahme gegenüber dem Einpressen von trockenem Gas besteht offensichtlich darin, daß es mit Beginn der Exploitation eines Gaskondensatlagers möglich ist, das zusammen mit dem Kondensat geförderte Gas zu verwenden. Dabei ist zu erwähnen, daß eine Einwirkung durch Wasserentnahme bei der Exploitation von Gaskondensatlagern noch keine Anwendung fand. Eingehend auf die Laboratoriumsuntersuchungen von T. M. DSHEDSCHP u. a. teilen A. S. WELIKOWSKI und W. W. JUSCHKIN mit, daß die Restgassättigung einer Schicht beim Austreiben des Gases dieser Schicht durch Wasser zwischen 15 bis 50% schwankt und von den Speichereigenschaften der Gesteine abhängt. Allerdings kann dann bei Abnahme des Schichtdrucks das nichtverdrängte Gas durch Fluten ausgebracht werden, das im nichtverdrängten Gas enthaltene Kondensat bleibt jedoch verloren.

Eine Förderung, sowohl mit dieser Methode der Wasserentnahme als auch mit der Methode des Gaseinpressens in eine Schicht, erfordert beträchtliche Investitionen. Die zum Verdrängen von 1 Mill. m³ Gas unter Schichtbedingungen notwendige Wassermenge hängt vom Schichtdruck, von der Temperatur sowie vom Verdichtungskoeffizienten ab und variiert durchschnittlich zwischen 2000 und 5000 m³. Daraus folgt, daß für eine Förderleistung von 10 Mill. m³/Tag Gaskondensatgemisch täglich eine Wasserförderung von 20000 bis 50000 m³ notwendig ist.

Es wurde bereits darauf hingewiesen, daß bei geringem Gehalt eines Gases an hochsiedenden Kohlenwasserstoffen oder bei geringen Gasvorräten, aber auch dann, wenn aus volkswirtschaftlichen Gründen eine sofortige Nutzung des geförderten Gases gefordert wird, die Exploitation von Gaskondensatlagerstätten wie bei gewöhnlichen Gaslagerstätten, d. h. durch Senkung des Schichtdrucks, erfolgt.

Bei der Projektierung der Exploitation von Gaskondensatlagern im Zustand der Erschöpfung sollte die Frage nach maximaler Senkung der Verluste an Kondensat in einer Schicht an erster Stelle stehen. Nach Angaben von M. MASCET (1959) erreichen die Verluste der flüssigen Phase in einer Schicht bei Exploitation von Gaskondensatlagerstätten 30 bis 60%. Auf die Größe der Verluste an Kondensat in einer Schicht haben auch die Arbeitsverhältnisse der einzelnen Fördersonden Einfluß.

Es wurde bereits erwähnt, daß für Gaskondensatlager in den tieferen Teilen der Schichten das Auftreten von Erdölsäumen unterschiedlichen Ausmaßes charakteristisch ist. Manchmal sind die Erdölsäume wirtschaftlich wichtig.

Die Exploitation dieser Gaskondensat-Erdöllagerstätten ist außerordentlich schwierig.

Wird in derartigen Lagerstätten überwiegend nur der Erdölanteil ohne Unterstützung des Druckes gefördert, so treten große Verluste an Kondensat auf, da bei der Gasentnahme aus dem Kondensatlager ohne Druckunterstützung ein gewisser Teil der hochsiedenden Kohlenwasserstoffe verlorengeht, während der andere Teil zusammen mit dem zu fördernden Gas an die Oberfläche gelangt. Bei Exploitation nur aus dem Erdölanteil ohne Druckunterstützung werden, wenn aus dem Gaskondensatfeld keine Gasförderung erfolgt, fast alle hochsiedenden Kohlenwasserstoffe, die infolge Abfall des Schichtdrucks aus dem Gas ausfallen, in der Schicht zurückbleiben.

Bei Exploitation vorwiegend des Gaskondensatanteiles eines Lagers ohne Unterstützung des Schichtdrucks verlagert sich das Öl in die höheren Teile der Schicht, die früher mit einem Gaskondensatgemenge gesättigt waren, wobei bedeutende Verluste an Erdöl auftreten.

Es sollte daher die Exploitation eines Gaskondensat-Erdöllagers — um dessen Ausdehnung konstant zu halten — mit Unterstützung des Schichtdrucks bei gleichzeitiger Erdöl- und Gasentnahme erfolgen. Nach M. MASCET wird ein Gaskondensat-Erdöllager am wirkungsvollsten ausgebeutet durch begrenzte Förderung aus der Ölzone bei gleichzeitigem Einpressen von Gas in den Gashut zur Unterstützung des Schichtdrucks.

Die gewählte Exploitationsform hängt somit von den vorhandenen Vorräten an Gas, Kondensat und Erdöl ab und soll den jeweiligen konkreten volkswirtschaftlichen Aufgaben entsprechen.

Die Lagerstätte Karadag

Im Jahre 1955 wurde mit Karadag die erste Gaskondensatlagerstätte in Aserbaidshan entdeckt, und zwar fand man an der Südflanke der Lagerstätte in der Folge VII (sog. Folge der Sedimentationslücke) ein großes Gaskondensatlager. Die beträchtlichen Ausmaße dieses Lagers sowie einige Untersuchungen des Kondensats gaben Grund zu der Annahme, daß ein Erdölsaum in der Folge VII nicht zu erwarten ist oder daß dessen Ausmaße nicht sehr groß sind. Daher entschloß man sich dazu, das Gaskondensatlager der Folge VII im Erschöpfungsregime zu exploitieren.

Die Erkundungsarbeiten im tieferen Teil der Folge VII verzögerten sich, da dieses Gebiet vom Meere bedeckt ist, und erst 1958 fand man in der zu untersuchenden Folge Erdölsäume. Obwohl die Ausdehnung des Erdölsaumes vorerst noch nicht bestimmt ist, sind auf Grund der Probeförderung aus den ersten Sonden beträchtliche Ausmaße zu erwarten. Das Lager in der Folge VII von Karadag ist also kein Gaskondensatlager, sondern ein Gaskondensat-Erdöllager. Die Situation hat sich dadurch kompliziert, daß 1. das Gaskondensatlager bereits seit mehreren Jahren intensiv abgebaut wird und daß sich 2. die erdölführende Zone im Bereich des Meeres befindet und so die Förderung behindert wird.

In diesem Zusammenhang taucht nun die Frage auf, ob es richtig ist, den Gaskondensatanteil des Lagers gegenüber dem Erdölanteil weiter so intensiv zu exploitieren, welche möglichen Verluste an Erdöl zu erwarten und welche Maßnahmen für eine maximale Gasgewinnung aus dem Erdöl erforderlich sind, um die Versorgung der Industrie mit Karadag-Gas nicht zu unterbrechen.

Die gegenwärtig zur Verfügung stehenden Daten sprechen jedoch dafür, so schnell wie möglich die Ausdehnung der erdölführenden Zone des Lagers zu bestimmten Bohrungen anzusetzen und mit einer intensiven Exploitation dieses Teiles zu beginnen, um den Druck des Erdöls und des Gaskondensats auszugleichen. Diese Verhältnisse schließen die Möglichkeit der Migration von Erdöl und Gas von einem Teil des Lagers in den anderen aus.

Während der vier Jahre, die das Lager auf Erschöpfung abgebaut wurde und das Kondensat verlorenging, wurden aus der Lagerstätte Karadag etwa 7 Mrd. m^3, 1959 etwa 3 Mrd. m^3 Gas gefördert, d. h. insgesamt etwa 10 Mrd. m^3. Es ist anzunehmen, daß aus der Lagerstätte etwa 50% entnommen werden können. Wenn es möglich ist, im Verlaufe von zwei Jahren vollständig zu konturieren, in den erdölführenden Bereich des Lagers Förderbohrungen niederzubringen und eine intensive Exploitation des Erdölanteils zu beginnen, so wird nicht allzuviel Gas verlorengehen.

Zum Problem der Bildung von Gaskondensatlagern wurden in letzter Zeit zahlreiche Arbeiten veröffentlicht. Einige Wissenschaftler ziehen — manchmal ohne ausreichende Unterlagen — vorzeitig Schlüsse über die Bildungsbedingungen der Gaskondensatlager auf der Apscheron-Halbinsel. Dabei behaupten einige, daß alle amerikanischen Geologen das von GUSSOW vorgeschlagene Prinzip einer differentiellen Anreicherung von Erdöl, Gas und Wasser unterstützen.

Der in einigen Arbeiten zu findende Hinweis auf die Gas- und Ölverteilung in den Lagerstätten Karadag, Puta-Lokbatan und Ataschkja kann ebenfalls nicht als zutreffend angesehen werden. Man kann sich auch mit der Ansicht einiger Wissenschaftler nicht einverstanden erklären, daß während der Migration der Fluide die näher zum Becken der Erdöl-Gasbildung gelegenen tiefsten Fallen die leichtesten Kohlenwasserstoffe auffangen sollen.

Um die Bildungsbedingungen der Gas-, Gaskondensat- und Erdöllager klären zu können, sind vor allem die komplizierten Umbildungsvorgänge des organischen Materials in Erdölkohlenwasserstoffe zu untersuchen. Zuvor ist jedoch noch die Entstehung der verschiedenen Kohlenwasserstoffe zu diskutieren.

Bekanntlich kann sich organisches Material unter verschiedenen geologischen, geochemischen, biochemischen und physikalischen Bedingungen entweder nur in gasförmige Kohlenwasserstoffe oder in gas-ölförmige oder hauptsächlich in flüssige Erdölkohlenwasserstoffe umwandeln. Natürlich können die einzelnen Kohlenwasserstoffphasen (gasförmige, flüssige oder beide Phasen) je nach den physiko-chemischen Bedingungen bei ihrer Akkumulation zu Lagern eine weitere Umbildung erfahren, d. h., gasförmige Kohlenwasserstoffe können in flüssige übergehen, flüssige in gasförmige, oder sie können im Zustand zweier Phasen verbleiben. An einer derartigen Umwandlung sind maßgeblich die tektonischen Prozesse beteiligt, die es bewirken, daß die fluidführenden Speichergesteine in größere Tiefen gelangen oder, umgekehrt, gehoben werden können.

Es sind viele Beispiele bekannt, in denen die Gas- und Gaskondensatlager in höheren Strukturstockwerken liegen als die Erdöllager, z. B. die Gaslager des Gebietes von Saratow, die Erdöllagerstätten der Nordkaspisenke, die Gaslagerstätten von Stawropol, die Erdöllagerstätten von Grosny und der Transterek-Senke (Osek-Suat).

Die Haltlosigkeit der von einigen Autoren zur Frage der Bildung von Gaskondensatlagern aufgestellten Behauptungen zeigt ein Beispiel aus den Erdöl- und Gaskondensatlagern innerhalb des südlichsten Kaspigebietes.

Bekanntlich liegt die Erdöllagerstätte Tscheleken wesentlich näher zur Südkaspisenke als das Kysyl-Kum-Revier, indem sich ausschließlich Gaskondensatlager gebildet haben. Die unlängst entdeckte Gaskondensatlagerstätte Syrinsk auf der Halbinsel Apscheron liegt wesentlich weiter vom sog. Öl-Gas-Bildungsbecken entfernt als die Erdöllagerstätte Neftjanije Kamni, so daß die Unannehmbarkeit des von einigen Geologen aus amerikanischen Quellen aufgestellten Schemas zur Erklärung der Bildungsbedingungen von Gaskondensatlagern nicht nur von Karadag, sondern auch des gesamten Feldes Apscheron offensichtlich wird.

Im Zusammenhang damit haben die Mitarbeiter der wissenschaftlichen Forschungsorganisation die Aufgabe, die Bildungsbedingungen der in Aserbaidshan entdeckten neuen Typen von Gaskondensatlagern zu klären.

Zusammenfassung

Ausgehend von der Definition des Begriffes Gaskondensatlagerstätte diskutiert Verf. die verschiedenen Ansichten zur Exploitation dieser Lagerstätten. Die zu wählende Exploitationsform hängt von den vorhandenen Vorräten an Gas, Kondensat und Erdöl ab und soll den jeweiligen volkswirtschaftlichen Aufgaben entsprechen. Weiterhin werden die Lagerstättenverhältnisse von Karadag geschildert.

Резюме

Исходя от определения понятия ,,газоконденсатное месторождение'' автор обсуждает различные существующие мнения об эксплуатации этих месторождений. Выбираемый вид эксплуатации зависит от имеющихся запасов газа, конденсата и нефти и должен отвечать поставленным народнохозяйственным задачам. Дальше описываются условия месторождения Карадаг.

Summary

Proceeding from the definition of the term gas condensate deposit, the author discusses the different views held of the exploitation of such deposits. The type of exploitation to be chosen depends on gas, condensate and petroleum reserves available, and should be in conformity with the particular economic problems. Furthermore, a description is given of the conditions prevailing in the Karadag deposit.

Literatur

MASCET, M.: Die physikalischen Grundlagen der Technologie der Erdölförderung. — Gostoptechisdat, Moskau 1959.
MINSKI, E. M., J. P. KOROTAJEW, W. S. WOROBJEW u. a.: in Gasowaja promyschlennost, Nr. 5 und 6.
SHDANOW, M. A. & A. A. KARZEW: Erdölgeologie und Hydrogeologie. — Gostoptechisdat, Moskau 1959.

Über klüftige Speichergesteine[1]

E. SMECHOW, UdSSR

Vom 23. bis 27. Mai 1960 fand in Leningrad im Allunions-Forschungsinstitut (WNIGRI) zum ersten Male eine Allunionstagung zu dem Thema ,,Klüftige Speichergesteine" statt. In Vorträgen und Diskussionsbeiträgen wurde über die bei der Untersuchung klüftiger Speichergesteine in vielen Gebieten der UdSSR erhaltenen Ergebnisse berichtet. Außerdem behandelte man Probleme der Hydrodynamik, der Aufschluß- und Testmethodik der klüftigen Speichergesteine sowie der Bestimmung dieser Speichergesteine durch geophysikalische Vermessungen.

In der Sowjetunion stellen die mit klüftigen Speichergesteinen verbundenen Erdöl- und Erdgaslager eine bis

[1]) Aus: ,,Geologija Nefti i Gasa", H. 9, 1960, S. 62–63 (etwas gekürzt).

jetzt noch nicht genügend ausgenutzte, aber wesentliche Reserve für die Steigerung der Förderung und den Zuwachs der Erdöl- und Erdgasvorräte dar. In den letzten Jahren wurden in verschiedenen Gebieten der Sowjetunion zahlreiche Lagerstätten, die mit diesem Speichergesteinstyp verbunden sind, entdeckt und erkundet; z. B. Karabulag-Atschaluki, Samankul, Sselli, Gascha und andere Lagerstätten im Nordkaukasus; Dsharkak, Ssarytasch und andere Lagerstätten in der Buchara—Chiwinsker Depression; eine Reihe von Lagerstätten im Gebiet von Kuibyschew, von Krasnodarsk, von Stawropol, in den Ostkarpaten u. a. sowie einige Lagerstätten im Irkutsker Gebiet.

Hochproduktive Lagerstätten, die mit klüftigen Speichergesteinen im Zusammenhang stehen, sind in den meisten Erdöl- und Erdgasgewinnungsgebieten der UdSSR, darunter auch in einigen sibirischen Gebieten, zu erwarten. Weit verbreitete Mikroklüfte spielen eine wesentliche Rolle bei der Migration und Filtration von Flüssigkeiten und Gasen sowie bei der Bildung von Erdöl- und Erdgaslagerstätten. Der durch Untersuchungen bewiesene Zusammenhang zwischen den Mikro- und Makroklüften erlaubt, von über Tage her Schlußfolgerungen auf die Klüftigkeit des Gesteins in der Tiefe zu ziehen.

Die Tagung empfahl, bei den weiteren geologischen und geophysikalischen Untersuchungen die von Mitarbeitern des WNIGRI entwickelten Erkundungsververfahren auf die tiefliegenden klüftigen Speichergesteine zu präzisieren und in die Praxis einzuführen. Ein genaueres Studium der Gesetzmäßigkeiten in der Verbreitung der Klüfte im Gestein in Abhängigkeit von dessen Lagerung in den Strukturen wird ein besseres Ansetzen der Erkundungsbohrungen ermöglichen.

Die weiteren Forschungen sollen sich, dem Beschluß der Tagung zufolge, mit folgenden Aufgaben befassen:

1. Studium der Gesetzmäßigkeiten der Verbreitung der Makro- und Mikroklüfte in den Zonen der diskontinuierlichen Dislokationen;

2. Ausarbeitung von Kriterien zur Bestimmung der Genese und des Alters der verschiedenen Klufttypen sowie einer Klassifikation und Terminologie der Klüftigkeit;

3. Studium der Gesetzmäßigkeiten in der regionalen Verbreitung der stark klüftigen Zonen.

Ein Erfahrungsaustausch auf dem Gebiet der Geophysik zeigte, daß in vielen geophysikalischen Institutionen die Methodik des Auffindens und der Einschätzung der klüftigen karbonatischen Speichergesteine mit Hilfe geophysikalischer Methoden erfolgreich weiterentwickelt wird.

Die Mitarbeiter des WNIGRI schlugen eine Methode zur Verbindung der Angaben über den elektrischen Widerstand des klüftigen Gesteins mit den durch visuelle Beobachtungen gewonnenen Parametern der Klüftigkeit vor. In Zusammenarbeit mit anderen Instituten stellten sie eine Abhängigkeit des elektrischen Widerstandes des klüftigen Gesteins von seinen Speichereigenschaften fest.

Die Tagungsteilnehmer halten folgende Maßnahmen für erforderlich:

1. Ausarbeitung von neuen Methoden für Bohrlochuntersuchungen (z. B. Mikrosondierung, Ultraschall-, Foto- und radioaktive Karottage, Mikrokavernometrie);

2. die Staatlichen Planstellen der RSFSR und die WNIGRI-Geophysik zu ersuchen, die serienmäßige Herstellung eines Kernschießgerätes zu beschleunigen sowie dessen Konstruktion so zu vervollkommnen, daß eine Entnahme in Gesteinen beliebiger Festigkeit möglich ist;

3. die geophysikalischen Gerätebauwerke und die betriebsgeophysikalischen Organisationen darauf hinzuweisen, die Qualität der bohrlochgeophysikalischen Untersuchungen zu erhöhen;

4. verstärkte Erforschung der theoretischen Grundlagen der klüftigen Speichergesteine mit den Methoden der Bohrlochgeophysik.

In der Diskussion über die Ergebnisse der hydrodynamischen Untersuchungen wurde festgestellt, daß Methoden entwickelt wurden, die auf Grund von Angaben über die Parameter der Klüftigkeit Aussagen über die Filter- und Speichereigenschaften der klüftigen Gesteine ermöglichen, daß das Problem der kontinuierlichen Filterung unter den Verhältnissen eines klüftigen Speichergesteins gelöst und daß weiterhin mehrere Verfahren zur Untersuchung der klüftigen Speichergesteine mit Hilfe der Fotokarottage vorgeschlagen wurden.

Für die nächste Zeit wurde die Durchführung folgender Arbeiten empfohlen:

1. Untersuchung der Beziehungen zwischen den Filtereigenschaften des klüftigen Gesteins und den für das betreffende Gestein charakteristischen Klüftigkeitsparametern.

2. Einführung folgender zur Zeit entwickelter Verfahren in die Praxis:

a) mikroskopische Untersuchung der Schliffe zur Feststellung der Porosität, der Permeabilität und der Dichte der klüftigen Gesteine;
b) Bestimmung der Permeabilität unter Ausnutzung der radialen Infiltration des zu untersuchenden Gesteins;
c) Bestimmung der Permeabilität an langen Bohrkernen mit Hilfe eines Gerätes nach R. KELTON.

Da die Probleme der Erkundung und Ausbeutung der in klüftigen Speichergesteinen auftretenden Lagerstätten noch nicht genügend gelöst sind, faßten die Tagungsteilnehmer folgende Beschlüsse:

1. Die bei der Erkundung und Ausbeutung von an klüftige Speichergesteine gebundenen Lagerstätten gesammelten Erfahrungen sollen ausgewertet und verallgemeinert werden.

2. In die Arbeitspläne der Leitinstitute der Erdölindustrie und der wissenschaftlichen Forschungsinstitute sind die Ausarbeitung von Methoden zur Ausscheidung von Objekten für die Bemusterung, die Entwicklung einer rationellen Methodik der Erkundung und Gewinnung sowie die Entwicklung einer Methodik zur Berechnung von Öl- und Gasvorräten der Lagerstätten in klüftigen Speichergesteinen aufzunehmen.

3. Entwicklung von Rezepturen für Spülflüssigkeiten, die beim Aufschluß der produktiven Zonen zum Einsatz kommen; ferner Ausarbeitung von Verfahren zur Anreicherung und Intensivierung der Erdöl- und Gaszuflüsse in klüftigen Speichergesteinen.

4. Entwicklung von neuen Modellen der Schichtprüfer. Ferner soll die Staatliche Plankommission gebeten werden, die Herstellung in Maschinenbaubetrieben und den Massenausstoß dieses Schichtprüfers zu organisieren.

Von den auf der Tagung gefaßten organisatorischen Beschlüssen sollen folgende erwähnt werden:

1. Beim WNIGRI soll ein koordinierender Rat aus Vertretern der wissenschaftlichen Forschungsinstitute und der Industrie gebildet werden, der sich mit der Koordinierung der Thematik zu Problemen der klüftigen Speichergesteine und eines Erfahrungsaustausches über ihre Untersuchung befaßt.

2. Die nächste Allunionstagung über Probleme der klüftigen Speichergesteine soll für Mai 1962 nach Grosny einberufen werden, nachdem im Jahre 1961 Gebietstagungen durchgeführt worden sind.

3. Die Mitarbeiter des WNIGRI sollen in Verbindung mit anderen wissenschaftlichen Institutionen und den Produktionsbetrieben eine Instruktion für die Methodik der Such- und Erkundungsarbeiten auf Erdöl- und Erdgas in klüftigen Speichergesteinen ausarbeiten und im Jahre 1961 herausgeben.

Gesetzmäßigkeiten in der Verteilung endogener Lagerstätten[1])

A. A. AMIRASLANOW, M. B. BORODAJEWSKAJA & M. S. BESSMERTNAJA, Moskau

Vom 19. bis 23. April 1960 fand in Moskau die Allunionskonferenz zur Untersuchung der Gesetzmäßigkeiten in der Verteilung von Kupferkieslagerstätten und Kupfer-Molybdän-Lagerstätten des Trümerimprägnationstyps statt.

An der Beratung nahmen mehr als 250 Geologen als Vertreter von wissenschaftlichen Forschungsorganisationen sowie Produktionsorganisationen aus Moskau, Leningrad, aus dem Ural, Altai, Kaukasus sowie aus Kasachstan und Mittelasien teil. Konferenzteilnehmer waren u. a. die Ordentlichen und Korrespondierenden Mitglieder der Akademie der Wissenschaften der UdSSR und der Unionsakademien D. S. KORSHINSKI, A. A. AMIRASLANOW, W. I. SMIRNOW, I. G. MAGAKJAN, S. S. MKRTTSCHJAN.

Wichtigstes Thema der Beratung war das Problem der volkswirtschaftlich außerordentlich bedeutsamen Kupferkieslagerstätten, aus denen das meiste Kupfer sowie andere Buntmetalle und Spurenelemente gefördert werden. Nach dem Kriege wurden für Prospektions- und Erkundungsarbeiten sowie für wissenschaftliche Untersuchungen von Kieslagerstätten im Ural, Altai, Kaukasus und in Kasachstan erhebliche Mittel ausgegeben. Das bei diesen Forschungsarbeiten gewonnene umfangreiche neue Tatsachenmaterial hat die Kenntnis von der Geologie, der Genese und den Gesetzmäßigkeiten in der Verteilung dieser Lagerstätten wesentlich erweitert. Ziel der Tagung war ein umfassender Erfahrungsaustausch über die Ergebnisse der durchgeführten Arbeiten zur Klärung der Gesetzmäßigkeiten in der Bildung und Verteilung der Lagerstätten in den einzelnen Gebieten der UdSSR.

Zu dieser Tagung wurden rund 50 Vorträge gehalten.

A. A. AMIRASLANOW gab in seinem zusammenfassenden Vortrag eine Charakteristik der einzelnen Typen von Kupferlagerstätten, eine Bewertung ihrer industriellen Bedeutung, sowohl in der UdSSR als auch in anderen Ländern, eine Charakteristik der geologischen Besonderheiten der ausgeschiedenen Typen sowie eine Begründung der wichtigsten Kriterien bei der Durchführung von Prospektionsarbeiten. Er bewertete die Höffigkeit jener Gebiete der UdSSR, in denen vorrangig Prospektionsarbeiten auf Kupferlagerstätten durchgeführt werden sollten, und hob hervor, daß unabhängig vom Bildungsalter der Kieslagerstätten und von den ungleichen Verteilungsverhältnissen dennoch ähnliche geologische Verhältnisse vorliegen. Kieslagerstätten sind nach Meinung AMIRASLANOWs in bezug auf das Nebengestein epigenetisch.

In einem zweiten zusammenfassenden Vortrag ging S. N. IWANOW unter Berücksichtigung neuer Beobachtungsergebnisse auf genetische Fragen von Kieslagerstätten sowie auf weitere wissenschaftliche Untersuchungsarbeiten ein.

Am ausführlichsten und eingehendsten wurden auf der Konferenz folgende Fragen behandelt: Bildungsbedingungen, Genese, Alter, Bildung und Verteilung von Kieslagerstätten; strukturelle Bedingungen für die Lokalisierung von Kieserzen; geologische Umgebung, in der sich Kieslagerstätten konzentrieren; mögliche Zusammenhänge mit Ergußgesteinen.

D. S. KORSHINSKI sprach über Tiefenfazies bei der Entstehung von Kies- und Kupfer-Molybdän-Lagerstätten. Die in jüngster Zeit aus tiefreichenden Erkundungs- und Strukturbohrungen gewonnenen Ergebnisse, eingehende Untersuchungen in Gebieten mit altem und rezentem Vulkanismus, aber auch die durchgeführten experimentellen Arbeiten weisen den Weg zu einer wissenschaftlichen Interpretation der Bildungstiefe der hier behandelten Lagerstättengruppen. Mit Annäherung an die Erdoberfläche sind Anzeichen für mitteltemperierte Stadien postmagmatischer Vorgänge nicht zu beobachten. Das Auftreten einer Propylitisierung des Nebengesteins (mit typischer Paragenese von Albit und Epidot) in Kupferkieslagerstätten und in Lagerstätten des Trümerimprägnationstyps, besonders innerhalb geschieferter Gesteine, spricht für recht beträchtliche Bildungstiefen (mindestens 1,5 km).

Fragen der Bildungstiefe von Kieslagerstätten haben auch S. W. SIDORENKO und S. A. WACHROMEJEW in ihren Vorträgen berührt.

W. I. SMIRNOW & T. J. GONTSCHAROWA (Staatl. Universität Moskau), A. W. PEK & N. S. SKRIPTSCHENKO (Polytechnisches Institut Nowotscherkassk) haben das Tiefenproblem am Beispiel von Kieslagerstätten des Kaukasus grundsätzlich anders gelöst. W. I. SMIRNOW und T. J. GONTSCHAROWA äußerten die Vermutung, daß die Kieslager am Urup und Beskes gleichzeitig mit dem Nebengestein in einem marinen Becken unter beträchtlicher Wasserbedeckung sedimentiert wurden.

Große Aufmerksamkeit fand in der Konferenz das Problem der Altersstellung von Kieserzen. Es wurde festgestellt, daß die Zuordnung von Kieslagerstätten an Verbreitungsgebiete gleichaltriger vulkanogener Formationen innerhalb von Bewegungszonen verschiedenen Typs und Alters heute erwiesen ist. In der UdSSR sind abbauwürdige Kupferkieslagerstätten bekannt, die in Zusammenhang mit kaledonischen, variscischen, mesozoischen und alpidischen tektonisch-magmatischen Zyklen entstanden sind. Das Auftreten einer Kiesvererzung in Karelien wirft die Frage auf, ob in einigen alten Faltengebieten, ähnlich wie in Skandinavien, Kanada und in den USA, eine Kiesführung ebenfalls möglich ist.

W. P. LOGINOW (IGEM AN SSSR), I. W. LENNYCH, A. W. PROKIN, M. S. SRIPTIN (JUGO) und L. I. JAKOWLEW (ZNIGRI) hoben hervor, daß sich die Kieslagerstätten des Urals vorwiegend in Zusammenhang mit intensivem Vulkanismus gebildet haben und daß die wichtigste Voraussetzung für die Lokalisierung einer Kiesvererzung der strukturelle und fazielle Zusammenhang zwischen der Vererzung und den Herden des Spilit-Keratophyr-Vulkanismus ist (W. P. LOGINOW). Etwa die gleichen Ansichten äußerten die meisten Geologen auch in bezug auf die Kieslagerstätten des Kaukasus.

W. I. SMIRNOW und T. J. GONTSCHAROWA entwickelten in ihrem bereits erwähnten Vortrag neue Gedanken

[1]) Titel des in „Sowjetskaja geologija", Nr. 12, 1960, S. 150–155, veröffentlichten Beitrages: Die Arbeitsergebnisse der Tagung der von der Abteilung Geologisch-Geographische Wissenschaften der Akademie der Wissenschaften der UdSSR einberufenen Kommission zur Untersuchung der Gesetzmäßigkeiten in der Verteilung endogener Lagerstätten. — Übers.: H.-J. TESCHKE

über eine exhalativ-sedimentäre Entstehung von Lagerstätten. Ihrer Meinung nach sind die Kieslager des nördlichen Kaukasus syngenetisch mit den sedimentär-vulkanogenen Nebengesteinen in geosynklinalen Becken in Zeiten stärkerer Absenkungen — begleitet von submarinen Ergüssen basischer und intermediärer Laven — abgelagert worden. Die Metallzufuhr erfolgte durch heiße Gas-Wasser-Exhalationen, die in der Periode des ausklingenden Vulkanismus durch die erkaltenden Lavadecken hindurchsickerten und zu deren metasomatischer Veränderung führten.

W. I. BUADOD bringt die Entstehung der Kupferkieslagerstätten des Nördlichen Kaukasus mit basischen Magmen in Zusammenhang, deren Produkte die erzführenden vulkanischen Serien sind. Auf Grund der Bildungsverhältnisse scheidet der Autor zwei Typen von Kieslagerstätten aus:

1. Lagerstätten, deren Bildung syngenetisch mit der Entstehung der Nebengesteinsserien erfolgt ist, ohne größeres praktisches Interesse;

2. hydrothermal-metasomatische (epigenetische) Lagerstätten als wichtigster bauwürdiger Typus. Die hydrothermal-metasomatischen Erzkörper bildeten sich unmittelbar nach den syngenetischen Erzen, und zwar nach einer intensiven tektonischen Vorbereitung der entsprechenden Gebiete.

S. S. SARKISJAN charakterisiert am Beispiel Transkaukasiens die Besonderheiten in der Lokalisierung der Kiesvererzung und scheidet zwei wichtige Lagerstättengruppen aus, die mit vulkanischen oder mit subvulkanischen Formationen zusammenhängen. Dabei kommt dem letztgenannten Typ ein großes industrielles Interesse zu. Nach Meinung des Autors spielten bei der Bildung der Kieserze wahrscheinlich Umlagerungsprozesse des Erzmaterials aus alten Lagerstätten eine wesentliche Rolle.

Die geologischen Besonderheiten bei der Bildung von Kieslagerstätten haben E. A. CHATSCHATURJAN und S. S. WANJUSCHIN in ihren Vorträgen in den Vordergrund gestellt. Sie sprachen von einem paragenetischen Zusammenhang zwischen Vererzung und subvulkanischen Intrusionen vom Typ der Albitophyre und Quarzporphyre.

Über die Weiterentwicklung in den Vorstellungen von der strukturellen Kontrolle der Kiesvererzung im Kleinen Kaukasus sprach P. S. SAPKO (Staatliche Universität Woronesh). Er brachte alle bekannten Erzvorkommen mit drei tektonisch-magmatischen Etappen in Zusammenhang. Die Hauptrolle bei der Lokalisierung der Vererzung spielen gefaltete Antiklinalstrukturen sowie Zonen mit intensiver Klüftung (Gänge und Intrusivkörper verschiedener Form). Subvulkanische Körper in den Erzzonen sind älter als die Vererzung, während die Ganggesteine gewöhnlich jünger als die Schwefelkiesvererzung, jedoch älter als die Baryt-Polymetallvererzung sind.

Eine andere Gruppe von Geologen (W. P. NECHOROSCHEW, M. S. BESSMERTNAJA, D. I. GORSHEWSKI, P. F. IWANKIN, S. W. SIDORENKO, G. F. JAKOWLEW u. a.) vertritt die Ansicht, daß Kieslagerstätten gegenüber den umgebenden vulkanogenen Formationen epigenetisch sind und mit einem Komplex kleiner Intrusionen zusammenhängen. Nach Meinung dieser Forscher kommt der strukturellen Kontrolle eine hervorragende Bedeutung für die Lokalisierung der Vererzung zu, abgesehen von der in der ganzen Welt nachgewiesenen Zuordnung der Kiesformation an stark differenzierte vulkanogene Gesteine.

M. G. CHISSAMUTDINOW (WSEGEI) behandelte in seinem Vortrag im wesentlichen Fragen der Abhängigkeit des Stoffbestandes der Erze von den geologischen Baumerkmalen der entsprechenden Gebiete sowie Fragen der Zonalität in der Verteilung eigentlicher Kieslagerstätten und polymetallischer Lagerstätten des Altai.

S. W. SIDORENKO (WSEGEI) richtete in seinem Vortrag das Hauptinteresse auf die Analyse der strukturell-morphologischen Lagerstättentypen des Altai. Die Bildungszeit der wichtigsten abbauwürdigen Lagerstätten setzt er an die Wende zwischen Unter- und Mittelkarbon. Die Erzlager entstanden nach seinen Vorstellungen nach den Falten- und Bruchdislokationen der frühvariscischen Tektogenese, nach dem Aufdringen großer saurer Granitoidintrusionen (Smeinogorsker Komplex), aber vor der Intrusion der Alkaligranite (Kalbinsker Komplex).

Nach Mitteilung von P. F. IWANKIN stellt der Erzaltai ein Gebiet dar, in dem während des mittleren und oberen Paläozoikums ein außerordentlich intensiver und mannigfaltiger Magmatismus herrschte. Alle Magmengesteinskomplexe sind das Ergebnis der Entwicklung eines basaltoidischen Typs. Lagerstätten und Vorkommen von Kupfererzen und polymetallischen Erzen stellen eine komplizierte Gruppe verschiedenaltriger und genetisch verschiedenartiger Bildungen dar. An den mehrphasigen Smeinogorsker Gabbro-Plagiogranit-Komplex (Namur—Perm) sind zahlreiche kleine Lagerstätten vom Skarntyp (Kupfer, Magnetit, Polymetalle) geknüpft. Alle bauwürdigen wichtigen Lagerstätten des Erzaltais, sofern sie der Kies-Polymetall-Formation angehören, hängen räumlich und paragenetisch mit den jüngsten kleinen Intrusionen zusammen, die deutlich an spätvariscische regionale Strukturen gebunden sind.

In mehreren Vorträgen wurde über die Bedeutung der tektonischen Kontrolle in der Verteilung der Lagerstätten des Urals gesprochen. M. B. BORODAJEWSKAJA kommt auf Grund einer eingehenden geologisch-strukturellen Kartierung von Erzfeldern zu dem Ergebnis, daß die Morphologie von Erzkörpern und die strukturellen Voraussetzungen für ihre Lokalisierung hauptsächlich davon abhängen, innerhalb welcher Strukturstufe oder -unterstufe sie auftreten. In der unteren (spätkaledonischen) Strukturstufe sowie in Faltungszonen, die höhere Stufen erfassen, lassen Zonen mit intensiver Schieferung einen wesentlichen Einfluß auf die Lokalisierung der Vererzung erkennen. In den Erzfeldern der frühvariscischen, aus Unter- und Mitteldevon bestehenden Strukturstufen spielen bei der Lokalisierung Kofferbrachyfalten die Hauptrolle, die von Disjunktivstörungen in Längs- oder Querrichtung (zur Faltung) geschnitten werden. Dabei sind die Längsstörungen häufig erzführend. Wesentliche Bedeutung haben schichtparallele Gleitungen und Abscherungen sowie abschirmende Horizonte schwach deformierter und chemisch inerter Gesteine. Diese Strukturtypen bestimmen die Bildung verschiedener Formen von Erzkörpern. Die Vererzung ist nach Meinung von M. B. BORODAJEWSKAJA in bezug auf die Hauptfaltungsetappe epigenetisch.

A. D. Raktschejew stellte in seinem Vortrag folgendes fest:

1. Die Kieslager im Gebiet von Karabasch wurden nach der Hauptfaltungsepoche gebildet;

2. bei der Entstehung der Kiese spielten Abblätterungsvorgänge in ursprünglich geschieferten Gesteinen die Hauptrolle;

3. die Ablagerung der Kieserze erfolgte vor Bildung der Skarne, mit denen eine Magnetkies-, Kupferkies-Magnetkies- und Kupferkies-Magnetit-Mineralisierung zusammenhängt. Skarnbildung und die begleitende Vererzung hängen mit dem Einsetzen der hydrothermalen Tätigkeit der Tiefenherde saurer Magmen zusammen.

Nach den Untersuchungsergebnissen von J. M. Stoljarow (UGU) ist die Vererzung jünger als die Faltung, Schieferung und Entstehung von Porphyritgängen. Die Erzkörper haben nach seiner Meinung keinerlei wesentliche Metamorphose durchgemacht.

In einem von A. W. Purkin gehaltenen Vortrag, der sich auf die Ergebnisse einer Gruppe von Mitarbeitern der Geologischen Verwaltung Ural stützt, wurde eine Klassifizierung erzkontrollierender Strukturtypen vorgeschlagen, und innerhalb der Kieslagerstätten sind folgende Haupttypen ausgeschieden worden:

a) Lagerstätten in überdeckten Falten- und Brachyantiklinalstrukturen;

b) Lagerstätten in Vulkanplutonen;

c) Lagerstätten in steil einfallenden Zonen aus Quarz-Chlorit-Sericit-Schiefern;

d) Lagerstätten in Kontaktzonen von Diabasen und basischen Porphyriten mit massigen Serpentiniten sowie in Serpentiniten.

Besondere Aufmerksamkeit wurde den strukturellen und lithologischen „Schirmen" gewidmet, unter denen sich Erze anreichern. A. W. Purkin unterstrich die genetische Verwandtschaft zwischen Kieslagerstätten und Skarn-Kupferlagerstätten bzw. Erzlagern innerhalb von Listwänitisierungszonen (Typ Myschma).

T. P. Gomberg (UGU) sprach über die kontaktmetasomatische Genese einer Reihe von Kieserzen in Zusammenhang mit post-mitteldevonischen Dioritintrusionen.

Scharf kritisiert wurden die Vorstellungen über syngenetisch mit dem Nebengestein entstandene Erze durch S. S. Mkrttschjan, Mitglied der Akademie der Wissenschaften der Armenischen SSR. Seiner Meinung nach sind die noch kürzlich anzutreffenden Vorstellungen über die Zuordnung der Vererzung an bestimmte stratigraphische Horizonte bzw. an Gesteine mit bestimmter Zusammensetzung nicht stichhaltig. Die Folgen solcher Vorstellungen bestanden darin, daß die Perspektiven von Lagerstätten unterbewertet wurden, so daß z. B. in der Lagerstätte Alawerda entsprechende Erkundungsarbeiten eingestellt und in der Lagerstätte Achtal längere Zeit unterbrochen wurden. Durchgeführte Untersuchungen ergaben eine enge Verknüpfung der Vererzung mit Tiefenmagmatismus und Tiefentektonik.

W. I. Dworjanow und W. I. Serkalow (Westsibirische Geologische Verwaltung) berührten in ihrem Vortrag Fragen der geologischen und strukturellen Verhältnisse bei der Lokalisierung von Kies-Polymetall-Lagerstätten des Salair und hoben hervor, daß die Bildung der Erzkörper durch hydrothermal-metasomatische Verdrängung des Nebengesteins in tektonischen Schwächezonen erfolgte.

In der Diskussion über das Alter der Kiesvererzung spielte die Frage der Entstehung der sog. Erzgerölle eine besondere Rolle. Diese Bildungen sind fast in allen Kiesprovinzen bekannt und offenbar für ein bestimmtes Stadium der Erzgenese charakteristisch. W. I. Smirnow, I. W. Lennych und W. P. Loginow erwähnen die strenge Zuordnung dieser Gerölle an bestimmte stratigraphische Horizonte, ihre klastische Ausbildung, ihr gemeinsames Auftreten mit Gesteinsbruchstücken und sehen in ihnen entweder Bruchstücke, die nach Entstehung des Erzkörpers in das Konglomerat gelangt sind, oder vulkanische Auswürflinge. Demgegenüber wurde von N. W. Petrowskaja und M. B. Borodajewskaja darauf hingewiesen, daß direkte Beobachtungen (Ähnlichkeit der Isotopenzusammensetzung des Schwefels in den Sulfiden der Gerölle und des entsprechenden Bindemittels, Auftreten zahlreicher Gerölle mit Relikten verdrängter Gesteine, Auftreten geröllähnlicher Konkretionen aus Erzmaterial in verschiedenen Wachstumsstadien usw.) die Unhaltbarkeit einer derartigen Auffassung gezeigt haben. N. W. Petrowskaja und M. B. Borodajewskaja nehmen an, daß die sog. Erzgerölle komplizierte Bildungen darstellen, die unter ganz bestimmten metasomatischen Verhältnissen bei intensiven Bewegungen während der Vererzung entstehen. Bei einem Teil handelt es sich wahrscheinlich um Bruchstücke von Sulfiden verschiedener Mineralassoziationen. Als Ergebnis einer Konkretion kolloider Lösungen, die Lockergesteinshorizonte durchtränkt haben, und bei selektiver Verdrängung einiger Bruchstücke entstehen geröllartige Bildungen.

Auf Grund einer mineralogischen Flächenkartierung mehrerer großer Erzkörper sowie einer Untersuchung der Begleitelemente und der Isotopenzusammensetzung des Schwefels süduralischer Lagerstätten gelangte N. W. Petrowskaja (IGEM AN SSSR) zu dem Ergebnis einer mehrphasigen Entstehung der Kieslager; dabei wird die Verteilung der späten Mineralassoziation (u. a. der wirtschaftlich am wertvollsten Zinkblende-Kupferkies-Vererzung) durch die Lage tektonischer Zerrüttungszonen innerhalb der Erzfelder bestimmt. N. W. Petrowskaja verwies ebenfalls auf die Bedeutung einer gleichzeitig mit der Vererzung erfolgten Metamorphose sowie auf den örtlichen Charakter einer späteren metamorphen Umwandlung des Erzmaterials.

Auf eine mehrphasige Entstehung der Kieserze verwiesen auch F. L. Smirnow (am Beispiel der Lagerstätte Urup), A. I. Finogenow (Lagerstätte Degtjar) und J. M. Stoljarow (Lewicha). W. I. Smirnow, T. J. Gotscharow, W. P. Loginow, I. W. Lennych u. a. vertreten demgegenüber den Standpunkt einer einphasigen Zufuhr der Erzlösungen.

Die auf der Tagung gehaltenen Vorträge zeigten, daß in bezug auf die Genese der Kieslagerstätten kein einheitlicher Standpunkt vertreten wird. Es wurden folgende Lagerstättentypen genannt:

1. exhalativ-sedimentär;

2. metasomatisch, in Verbindung mit Fumarolentätigkeit;

3. epithermal in Verbindung mit Durchschlagsröhren (Necks) und Subvulkanen;

4. hydrothermal-metasomatisch, entstanden beim Auftreten paragenetischer Beziehungen zu postorogenetischen kleinen Intrusionen verschiedener Zusammensetzung;

5. Kontaktemanationslagerstätten in Zusammenhang mit Granodioritintrusionen.

Über Gesetzmäßigkeiten bei der Verteilung von Kupfer-Molybdän-Lagerstätten des Trümerimprägnationstyps berichteten I. G. MAGAKJAN, S. S. MKRTTSCHJAN und G. O. PIDSHJAN aus der Armenischen SSR, R. A. MUSSIN, T. S. SAKIROW und I. B. FEDOROWA aus dem Erzgebiet Almalyk (Usbekische SSR) und R. A. BORUKAJEW aus der Lagerstätte Boschtschekul (Kasachische SSR).

I. G. MAGAKJAN, S. S. MKRTTSCHJAN und G. O. PIDSHJAN erwähnten in ihrem Vortrag, daß der in der Armenischen SSR auftretende Typ der Kupfer-Molybdän-Lagerstätten sehr weit verbreitet ist und daß Erze solcher Lagerstätten bei der Verhüttung von Kupfer und Molybdän in den USA, in Chile und in der UdSSR eine recht große Rolle spielen. Das Alter der Lagerstätten dieses Typs ist in den einzelnen Ländern unterschiedlich. Charakteristisch für sie ist ein enger genetischer Zusammenhang mit mäßig sauren Granitoiden.

Innerhalb der Armenischen SSR läßt sich eine NW—SE streichende Kupfer-Molybdän-Zone ausscheiden. Strukturell handelt es sich um ein allgemein kaukasisch streichendes Antiklinorium, das von regionalen Überschiebungen begrenzt wird. Die Vererzung wird von Brüchen, Zerrüttungszonen und Brekzien kontrolliert, an denen eine hydrothermale Veränderung der Gesteine stattgefunden hat (Verquarzung, Serizitisierung, Pyritisierung, Chloritisierung). Wichtiger Faktor für die Kontrolle sind auch Gänge von Granodioritporphyren.

Die Geologen R. A. MUSSIN, T. S. SAKIROW und I. W. FEDOROWA (Akademie der Wissenschaften der Usbekischen SSR) gaben eine eingehende geologische Beschreibung des Erzgebietes Almalyk und wiesen darauf hin, daß hier die Vererzung räumlich und genetisch mit den jüngsten kleinen Intrusionen zusammenhängt.

R. A. BORUKAJEW (Akademie der Wissenschaften der Kasachischen SSR) behandelt in seinem Vortrag die Frage nach dem paragenetischen Zusammenhang zwischen Kupfer-Molybdän-Vererzung und komplexen kleinen Intrusionen granodioritischer Zusammensetzung. Die Granodiorite entstanden nach der tektogenetischen Boschtschekul-Phase. Sowohl die kleinen Intrusionen als auch die Rahmengesteine wurden hydrothermalmetamorph verändert und vererzt. Erz- und Gangminerale füllen ein dichtes Netz feinster Klüfte, so daß von einem Trümerimprägnationstyp der Mineralisierung mit einem System verschieden orientierter Erztrümer gesprochen werden kann. R. A. BORUKAJEW erwähnt, daß die Lagerstätte mehrere verschiedenaltrige hypergene Umbildungen durchgemacht hat. Zunächst wurde sie im Mittelkambrium denudativ angeschnitten und anschließend von mittelkambrischen Sedimenten überlagert; eine zweite Etappe der Freilegung erfolgte im Oberkambrium unter kontinentalen Verhältnissen, als die klimatischen Bedingungen für die Bildung mächtiger Oxydationszonen sowie für eine sekundäre Anreicherung günstig waren. Zu Beginn des zweiten Drittels des Oberkambriums wurde die Lagerstätte erneut von marinen Sedimenten überlagert und gelangte erst am Ende des Mesozoikums an die Oberfläche, wurde jedoch im Paläogen wiederum von tonig-sandigen Schichten überdeckt.

Als Ergebnis der Tagungsarbeit wurde eine Entschließung angenommen, in der außer den wichtigsten positiven Leistungen auch einige Unzulänglichkeiten bei der Untersuchung der geologischen Besonderheiten von Kies- und Kupfer-Molybdän-Erzen sowie die wichtigsten Aufgaben der weiteren Untersuchung genannt wurden. Die Hauptaufgaben sind folgende:

1. Zusammenstellung metallogenetischer Prognosekarten mittlerer und großer Maßstäbe. Zusammenstellung von Spezialkarten mit allen wichtigen geologischen Besonderheiten von Gebieten mit Kieslagerstätten.

2. Klärung der Besonderheiten von Geosynklinalgebieten, die für Vorkommen einer Kupferkiesvererzung charakteristisch sind; geotektonische Gliederung dieser Gebiete.

3. Durchführung weiterer Untersuchungen zur Klärung der magmatischen Entwicklungsgeschichte kiesführender Gebiete, eingehende Untersuchung der Beziehungen zwischen Gang-, Intrusiv- und Effusivfazies magmatischer Gesteine; besondere Aufmerksamkeit ist dabei auf die Standortbestimmung verschiedenaltriger Serien innerhalb der allgemeinen magmatischen Entwicklungsgeschichte zu richten. Zu rekonstruieren sind die Entwicklungsgeschichte postmagmatischer Vorgänge und die relative Produktivität der Hauptetappen postmagmatischer Tätigkeit.

4. Eingehende Untersuchung des faziellen Aufbaus erzführender vulkanogener und vulkanogen-sedimentärer Serien sowie die paläogeographische Rekonstruktion von Vulkangebieten.

5. Bestimmung des Typs der erzführenden antiklinalen Hebungsgebiete; Bestimmung der Bedeutung der primären Sedimentation vulkanogenen Materials und der vertikalen tektonischen Bewegungen (Faltung, Bruchstörungen) für die Entstehung dieser Hebungsgebiete. Untersuchung der Beziehungen zwischen Erzlagern und Faltung.

6. Klärung des geologischen Tiefenbaus von kiesführenden Gebieten mit Hilfe geophysikalischer Untersuchungsergebnisse (insbesondere unter Heranziehung der Seismik) und tiefer Strukturbohrungen.

7. Untersuchung der Besonderheiten in der Verteilung von Kieslagerstätten in verschiedenen Strukturstufen und -unterstufen sowie in verschiedenen tektonischen Einheiten kiesführender Mobilzonen.

8. Untersuchung der primären Natur erzführender Effusivkomplexe und des Charakters ihrer metamorphen Umwandlungen. Klärung der Bildungsgründe und der Bildungszeit erznaher Gesteine und der regionalen metamorphen Veränderungen erzführender Gesteine, Vergleich der Metamorphose im Liegenden und Hangenden der Vererzung.

9. Eingehende Untersuchung der Zusammenhänge zwischen Kiesvererzung und den verschiedenen Formen von Disjunktivstörungen, die häufig eine längere Entwicklungsgeschichte haben. Empfohlen wird, in großen Erzfeldern unter Heranziehung aller modernen Methoden umfangreiche strukturelle Objektkartierungen durchzuführen.

10. Weitere Gliederung der Zusammenhänge zwischen verschiedenen Intrusionen und vulkanogenen Gesteinen der vielfältigen Kieslagerstätten in bezug auf Alter und Form. Klassifizierung dieser Lagerstätten in jedem Gebiet.

11. Absolute und relative Altersbestimmung der Vererzung mittels radiogener Methoden sowie durch Untersuchung der Beziehungen zwischen kleinen Intrusionen und Gängen, ferner zwischen Erz und Nebengesteinsveränderung. Untersuchung trümerartiger Sulfidausscheidungen in den überlagernden Serien.

12. Klärung der Entstehungsgeschichte, der Genese und der Metamorphose von Erzen mit modernsten Methoden (eingehende Untersuchung von Mineralparagenesen, der Mikrostruktur, des inneren Aufbaus und der Zusammensetzung der Hauptminerale sowie der Wachstumszonen, Ultra- und Mikroporosität, Schwefel- und Bleiisotope, Sulfidsynthese usw.). Untersuchung der Zonalität in der Vererzung und der Faktoren, die zur Isolierung von Kupferkies-Polymetall-Erzen und Magnetkiesvorkommen in den Erzfeldern führen.

13. Zusammenfassende geologische Darstellung der in der Welt auftretenden Kieslagerstätten sowie Zusammenstellung monographischer Arbeiten über die wichtigsten Kiesprovinzen der UdSSR.

14. Untersuchung seltener Elemente und der Spurenelemente in verschiedenen Lagerstättentypen in bezug auf die Etappen der Lagerstättenbildung.

Nach einer von den Teilnehmern der Tagung angenommenen Entschließung soll alle drei Jahre eine Konferenz über die Untersuchung der Gesetzmäßigkeiten in der Verteilung endogener Lagerstätten stattfinden, und zwar zunächst im Ural, dann im Altai und im Kaukasus.

Zusammenfassung

Auf einer Allunionskonferenz in Moskau wurden die Bildungsprobleme der Kupferkieslagerstätten und Kupfer-Molybdän-Lagerstätten des Trümerimprägnationstyps behandelt. Die gehaltenen Vorträge zeigen, daß vor allem in bezug auf die Genese der Kieslagerstätten kein einheitlicher Standpunkt vertreten wird. Die wichtigsten Aufgaben der weiteren Forschung sind aus einer von den Tagungsteilnehmern angenommenen Entschließung ersichtlich.

Резюме

На всесоюзной конференции в Москве обсуждались вопросы формирования медно-колчеданных месторождений жилково-вкрапленного типа. Заслушанные доклады показывают, что прежде всего о генезисе колчеданных месторождений не существует единой точки зрения. Важнейшие задачи дальнейших исследований видимы из постановления, принятого участниками совещания.

Summary

Problems of formation of copper pyrite and copper molybdenum deposits of the vein impregnation type have been discussed by an All-Union Conference held at Moscow. The reports made show that different views are taken above all with regard to the genesis of pyrite deposits. The most important problems to be solved by future research work are to be seen from a resolution passed by the participants of the Conference.

K. K. TUREKIAN & K. H. WEDEPOHL

Verteilung der chemischen Elemente in einigen Haupteinheiten der Erdkruste[1)]

Referiert von HANS JÜRGEN RÖSLER, Freiberg (Sa.)

In den letzten zehn Jahren sind eine ganze Reihe von Zusammenstellungen über die Häufigkeit der chemischen Elemente in der Erdkruste veröffentlicht worden (K. RANKAMA & TH. SAHAMA 1950, H. FLEISCHER 1953, V. M. GOLDSCHMIDT 1954, A. P. WINOGRADOW 1956, B. MASON 1958, J. GREEN 1959). In diesen Tabellen unterscheiden sich die Gehalte einzelner Elemente zum Teil erheblich voneinander. Das hat seine Gründe einmal in der Vervollkommnung der Analysenmethoden und der zunehmenden Zahl an Analysen, zum anderen in der verschiedenen Betrachtungsweise des Objektes „Erdkruste" bei den jeweiligen Autoren. Hierbei gibt es zwei Hauptdifferenzen. Sie bestehen in der Einbeziehung von Atmosphäre, Biosphäre und Hydrosphäre in die Mittelwertbildung bei einer beträchtlichen Zahl von Elementen und in dem Problem, wie weit man die Mittelwertbildung treiben darf. Die Mittelwertbildung setzt eine gute Kenntnis der Verteilung der einzelnen die Erdkruste aufbauende Teile voraus, was jedoch nur angenähert möglich ist. Aus diesem Grunde werden die Durchschnittswerte der gesamten Erdkruste, die eigentlichen Clarkewerte, immer mehr durch solche für eine bestimmte räumliche oder geologisch-fazielle Einheit ersetzt.

Der Verbesserung solcher „Teil-Clarkes" dient die von K. K. TUREKIAN & K. H. WEDEPOHL zusammengestellte Tabelle. Beide Autoren arbeiten seit etwa zehn Jahren selbst an der Geochemie einzelner Elemente (TUREKIAN: Cu, Ni, Cr, Co, Mg, Sr, Ba; WEDEPOHL: Zn, Pb) sowie geologischer Einheiten (Tiefseeablagerungen). Bei vielen anderen Elementen wurden die neuesten Daten aus der Literatur verarbeitet. Im Text werden die benutzten Quellen ausführlich diskutiert, so daß der Weg, der zur Mittelwertbildung führte, in den meisten Fällen verfolgt werden kann. Das ist für die künftigen Arbeiten von Bedeutung, da damit solchen Tabellen die scheinbare absolute Richtigkeit genommen wird und den Werten nur das Maß an Objektivität zugesprochen wird, das unter den augenblicklichen Verhältnissen möglich ist.

Die Tabelle von K. K. TUREKIAN & K. H. WEDEPOHL gibt Durchschnittswerte für bestimmte wichtige Glieder der Eruptivgesteine, Sedimentgesteine sowie der mehr oder weniger unverfestigten Tiefseesedimente. Die Metamorphite sind nicht aufgeführt, da die Meinung vertreten wird, daß im großen ganzen der Elementbestand in diesen Gesteinen gleich dem der Ausgangsgesteine ist. Bei den „Graniten" entspricht der Terminus „Ca-reich" etwa den Granodioriten. Die extrusiven Äquivalente der Granite und Syenite sind nicht zur Mittelwertbildung herangezogen worden.

Für eine Reihe von Elementen werden aus verschiedenen Gründen keine Werte angegeben:

1. Wasserstoff, Kohlenstoff, Sauerstoff und die Edelgase fehlen als Hauptbestandteile der Atmosphäre, Biosphäre und Hydrosphäre, obwohl diese Elemente in den genannten Gesteinsgruppen mit unterschiedlichen Gehalten auftreten.

2. Technetium und Promethium sind keine natürlichen Elemente der Erdkruste (dies gilt z. T. auch für Neptunium und Plutonium).

3. Für die Elemente Ruthenium, Rhodium, Tellur, Rhenium, Osmium, Iridium, Platin und z. T. Wismut, Palladium und Stickstoff liegen keine oder unzureichende Unterlagen vor (Bi, Pd und N in der Tabelle mit ?).

4. Polonium, Astatin, Radon, Francium, Radium, Actinium und Protactinium sind Zerfallsprodukte des Urans und Thoriums.

In den Fällen, in denen Angaben nur als Größenordnung zu machen sind, wurde an Stelle der Zahl ein x gesetzt. Die Werte der vorliegenden Tabelle entsprechen der Originalarbeit, jedoch wurde die Tabelle vom Ref. gekürzt und die Werte umgestellt.

[1)] Originaltitel: Distribution of the elements in some major units of the earth's crust. — Geol. Soc. Amer. Bull., Bd. 72 (1961), Nr. 2, S. 175—191.

Verteilung der chemischen Elemente in Teilen der Erdkruste (Angaben in g/t)

Element	Symbol	Eruptivgesteine					Sedimentgesteine			Tiefseesedimente	
		Ultrabasite	Basalte	„Granite" Ca-reich	„Granite" Ca-arm	Syenite	Schiefer	Sandstein	Karbonate	Karbonate	Tone
Aluminium	Al	20000	78000	82000	72000	88000	80000	25000	4200	20000	84000
Antimon	Sb	0,1	0,2	0,2	0,2	0,x	1,5	0,0x	0,2	0,15	1,0
Arsen	As	1	2	1,9	1,5	1,4	13	1	1	1	13
Barium	Ba	0,4	330	420	840	1600	580	x0	10	190	2300
Beryllium	Be	0,x	1	2	3	1	3	0,x	0,x	0,x	2,6
Blei	Pb	1	6	15	19	12	20	7	9	9	80
Bor	B	3	5	9	10	9	100	35	20	55	230
Brom	Br	1	3,6	4,5	1,3	2,7	4	1	6,2	70	70
Cäsium	Cs	0,x	1,1	2	4	0,6	5	0,x	0,x	0,4	6
Calcium	Ca	25000	76000	25300	5100	18000	22100	39100	302300	312400	29000
Cer	Ce	0,x	48	81	92	161	59	92	11,5	35	345
Chlor	Cl	85	60	130	200	520	180	10	150	21000	21000
Chrom	Cr	1600	170	22	4,1	2	90	35	11	11	90
Gallium	Ga	1,5	17	17	17	30	19	12	4	13	20
Eisen	Fe	94300	86500	29600	14200	36700	47200	9800	3800	9000	65000
Europium	Eu	0,x	0,8	1,4	1,6	2,8	1,0	1,6	0,2	0,6	6
Erbium	Er	0,x	2,1	3,5	4,0	7,0	2,5	4,0	0,5	1,5	15
Fluor	F	100	400	520	850	1200	740	270	330	540	1300
Gadolinium	Gd	0,x	5,3	8,8	10	18	6,4	10	1,3	3,8	38
Germanium	Ge	1,5	1,3	1,3	1,3	1	1,6	0.8	0,2	0,2	2
Gold	Au	0,006	0,004	0,004	0,004	0,00x	0,00x	0,00x	0,00x	0,00x	0,00x
Hafnium	Hf	0,6	2,0	2,3	3,9	11	2,8	3,9	0,3	0,41	4,1
Holmium	Ho	0,x	1,1	1,8	2,0	3,5	1,2	2,0	0,3	0,8	7,5
Indium	In	0,01	0,22	0,0x	0,26	0,0x	0,1	0,0x	0,0x	0,0x	0,08
Jod	I	0,5	0,5	0,5	0,5	0,5	2,2	1,7	1,2	0,05	0,05
Kadmium	Cd	0,x	0,22	0,13	0,13	0,13	0,3	0,0x	0,035	0,0x	0,42
Kalium	K	40	8300	25200	42000	48000	26000	10700	2700	2900	25000
Kobalt	Co	150	48	7	1,0	1	19	0,3	0,1	0,7	74
Kupfer	Cu	10	87	30	10	5	45	x	4	30	250
Lanthan	La	0,x	15	45	55	70	92	30	x	10	115
Lithium	Li	0,x	17	24	40	28	66	15	5	5	57
Lutetium	Lu	0,x	0,6	1,1	1,2	2,1	0,7	1,2	0,2	0,5	4,5
Magnesium	Mg	204000	46000	9400	1600	5800	15000	7000	47000	4000	21000
Mangan	Mn	1620	1500	540	390	850	850	x0	1100	1000	6700
Molybdän	Mo	0,3	1,5	1,0	1,3	0,6	2,6	0,2	0,4	3	27
Natrium	Na	4200	18000	28400	25800	40400	9600	3300	400	20000	40000
Neodym	Nd	0,x	20	33	37	65	24	37	4,7	14	140
Nickel	Ni	2000	130	15	4,5	4	68	2	20	30	225
Niob	Nb	16	19	20	21	35	11	0,0x	0,3	4,6	14
Palladium	Pd	0,12	0,02	0,00x	0,00x	?	?	?	?	?	?
Phosphor	P	220	1100	920	600	800	700	170	400	350	1500
Praseodym	Pr	0,x	4,6	7,7	8,8	15	5,6	8,8	1,1	3,3	33
Quecksilber	Hg	0,0x	0,09	0,08	0,08	0,0x	0,4	0,03	0,04	0,0x	0,x
Rubidium	Rb	0,2	30	110	170	110	140	60	3	10	110
Samarium	Sm	0,x	5,3	8,8	10	18	6,4	10	1,3	3,8	38
Scandium	Sc	15	30	14	7	3	13	1	1	2	19
Schwefel	S	300	300	300	300	300	2400	240	1200	1300	1300
Selen	Se	0,05	0.05	0,05	0,05	0,05	0,6	0,05	0,08	0,17	0,17
Silber	Ag	0,06	0,11	0,051	0,037	0,0x	0,07	0,0x	0,0x	0,0x	0,11
Silizium	Si	205000	230000	314000	347000	291000	73000	368000	24000	32000	250000
Stickstoff	N	6	20	20	20	30	?	?	?	?	?
Strontium	Sr	1	465	440	100	200	300	20	610	2000	180
Tantal	Ta	1,0	1,1	3,6	4,2	2,1	0,8	0,0x	0,0x	0,0x	0,x
Terbium	Tb	0,x	8	1,4	1,6	2,8	1,0	1,6	0,2	0,6	6
Thallium	Tl	0,06	0,21	0,72	2,3	1,4	1,4	0,82	0,0x	0,16	0,8
Thorium	Th	0,004	4	8,5	17	13	12	1,7	1,7	x	7
Thulium	Tm	0,x	0,2	0,3	0,3	0,6	0,2	0,3	0,04	0,1	1,2
Titan	Ti	300	13800	3400	1200	3500	4600	1500	400	770	4600
Uran	U	0,001	1	3,0	3,0	3,0	3,7	0,45	2,2	0,x	1,3
Vanadium	V	40	250	88	44	30	130	20	20	20	120
Wismut	Bi	?	0,007	?	0,01	?	?	?	?	?	?
Wolfram	W	0,77	0,7	1,3	2,2	1,3	1,8	1,6	0,6	0,x	x
Ytterbium	Yb	0,x	2,1	3,5	4,0	7,0	2,6	4,0	0,5	1,5	15
Yttrium	Y	0,x	21	35	40	20	26	40	30	42	90
Zink	Zn	50	105	60	39	130	95	15	20	35	165
Zinn	Sn	0,5	1,5	1,5	3	x	6	0,x	0,x	0,x	1,5
Zirkonium	Zr	45	140	140	175	500	160	220	19	20	150

Zur erzmikroskopischen Untersuchung von Aufbereitungsprodukten am Beispiel von Blei-Zink-Erzen des Brander Reviers

MANFRED KRAFT, Berlin

I. Aufgabenstellung

In den Jahren 1953 bis 1959 wurden im südlichen Teil des Freiberger Lagerstättenbezirks, dem Revier Brand, umfangreiche geologische Erkundungsarbeiten durchgeführt. Infolge eines nach Süd einfallenden Verlaufs der Isothermalflächen der Lagerstätte erfolgten die Erkundungsarbeiten in einem genetisch höheren Lagerstättenniveau als der Abbau im zentralen Teil des Lagerstättenbezirks, in der Umgebung der Stadt Freiberg. Dieses höhere Lagerstättenniveau ist besonders durch ein stärkeres Hervortreten der jüngeren sog. Edlen Braunspatformation (eb) gekennzeichnet. Da sowohl der Träger der Pb-Zn-Vererzung, die kiesig-blendige Formation (kb), als auch die jüngere karbonatische eb-Paragenese zumeist auf den gleichen Gangspalten aufsitzen, ist es infolge der bekannten Korrosionsfreudigkeit der karbonatischen Lösungen zu innigen Verwachsungen mit den Erzen der kb-Paragenese gekommen. Diese speziellen Verwachsungsverhältnisse führten zur Vermutung, daß die Brander Erze ein anderes aufbereitungstechnisches Verhalten zeigen würden als die Freiberger Erze.

Die Aufgabe bestand also darin, durch einen in der Freiberger Aufbereitungsanlage durchzuführenden großtechnischen Aufbereitungsversuch festzustellen, inwieweit sich unter mehr oder weniger gleichen Aufbereitungsbedingungen die Brander Erze von den Freiberger Erzen unterscheiden. In Zusammenhang mit diesem Versuch erfolgte neben den üblichen chemischen Bestimmungen auch eine umfangreiche erzmikroskopische Untersuchung. Die Ergebnisse dieser Untersuchung sind in einem ausführlichen Bericht des Autors (1960) dargestellt. Im Vorliegenden soll besonderer Wert auf die Darstellung der angewandten Untersuchungsmethode gelegt werden.

Das erscheint insofern zweckmäßig, als von der Zentralen Vorratskommission bei der Übergabe von erkundeten Lagerstätten auch die technologische Kennzeichnung des Rohstoffes gefordert wird. Da aber die geologische Erkundung (besonders in den ersten Stadien) vor allem durch Bohrungen erfolgt, reicht das Bohrkernmaterial oftmals nicht aus, um entsprechende Aufbereitungsversuche durchführen zu können. In diesen Fällen dürften aber quantitative mikroskopische Untersuchungen genügen, um dem Aufbereiter zumindest eine Einschätzung über die Aufbereitbarkeit des betreffenden Rohstoffes zu ermöglichen und damit auch die Forderung der ZVK — sofern es sich nicht um Vorräte höherer Kategorien handelt — zu erfüllen.

II. Untersuchungsmethode

Zu Beginn einer derartigen Bearbeitung ist zunächst zu entscheiden, ob die Untersuchungen an Stückschliffen durchführbar sind oder aber die Anfertigung von Körnerschliffen voraussetzen.

Diese Frage läßt sich dahingehend beantworten, daß der zu bestimmende Aufschlußpunkt durch eine mikroskopische Bemusterung von Stückschliffen in den meisten Fällen lediglich abgeschätzt werden kann; eine genauere Festlegung des Aufschlußpunktes kann aber nur durch Zerkleinerung guter Durchschnittsproben unter bestimmte obere Korngrößen und Ermittlung des Aufschlußgrades im zerkleinerten Gut erfolgen, d. h., die Anfertigung von Körnerschliffen ist hierbei eine notwendige Voraussetzung. In diesem Zusammenhang sei auf REHWALD (1955) verwiesen, der ausführlich zu diesem Problem Stellung nimmt. Danach wäre unter Anwendung von Stückschliffen beispielsweise für einen Erzgang, in dem Körner von 0,1 mm neben Derberzbrocken von 100 mm Kantenlänge auftreten (was etwa den Freiberger Verhältnissen entspricht), bei einem Fehler von nicht mehr als ± 10% eine Fläche von 10 m² mikroskopisch auszumessen. Eine derartige Untersuchung ist aber keinesfalls durchführbar. Diese Schwierigkeit entfällt jedoch, wenn man die überaus große Variationsbreite der natürlichen Korngrößen ausschaltet, indem das zerkleinerte Material im Körneranschliff untersucht wird. An einem solchen Produkt läßt sich das Verhältnis von freigelegten (aufgeschlossenen) zu verwachsenen Erzkörnern ohne Rücksicht auf die natürlichen Korngrößen ermitteln, d. h. der zu bestimmende Aufschlußpunkt mit genügender Genauigkeit festlegen.

Der großtechnische Aufbereitungsversuch wurde nicht nur zur Klärung des aufbereitungstechnischen Verhaltens der Brander Erze, sondern auch zur Herstellung einer größeren Menge Zinkkonzentrat für Versuchszwecke durchgeführt. Schon aus diesem Grunde mußte die Einsatzmenge in der Anlage entsprechend groß sein. Im vorliegenden Fall wurde eine Großprobe von 250 t Roherz entnommen. Die Probenahme am Anstehenden erfolgte so, daß an jedem Erzgang durch Drücken der Firste eine dem prozentualen Anteil des betreffenden Erzgangs am Gesamtvorrat der Lagerstätte entsprechende Probemenge genommen wurde. Die Gesamtprobe spiegelte also die durchschnittliche Zusammensetzung der Lagerstätte, sowohl hinsichtlich der Metallgehalte als auch der Verwachsungsverhältnisse, ungefähr wider. Es muß aber betont werden, daß eine derartig große Probemenge nur selten erforderlich ist. Meist kommt man mit wesentlich geringeren Probemengen aus, vor allem dann, wenn lediglich eine Einschätzung der erforderlichen Aufschlußgröße eines Rohstoffes verlangt wird, nicht aber die Beurteilung eines speziellen Verfahrens selbst. In jedem Fall muß jedoch bei der Probenahme darauf geachtet werden, daß die zu bearbeitende Probe den durchschnittlichen Verwachsungsverhältnissen des Roherzes entspricht und nicht irgendwelche extremen Verwachsungen widerspiegelt, die leicht zu Fehlschlüssen führen können. Es ist daher, ähnlich wie bei der Bemusterung einer Lagerstätte, auch hier eine schematische Probenahme, die subjektive Einflüsse weitgehend ausschaltet, anzustreben.

Das für die eigentliche quantitative erzmikroskopische Untersuchung erforderliche Probematerial wurde vom auf Flotationsfeinheit zerkleinerten Aufgabegut und den verschiedensten Aufbereitungsprodukten entnommen. Die Probenahme des zerkleinerten Gutes erfolgte über die Gesamtdauer des Aufbereitungsversuches. In Zeitabständen von 30 bzw. 60 Minuten wurden Einzelproben gezogen und zu einer Durchschnittsprobe vereinigt. Durch Verjüngen wurde die für die erzmikroskopische und chemische Untersuchung erforderliche Probemenge abgetrennt. Es sei noch bemerkt, daß man bei Erzen mit gröberen Verwachsungen nicht sofort auf Flotationsfeinheit zerkleinern wird, um Schlüsse auf die Verwachsungsverhältnisse und den Aufschlußpunkt zu ziehen, sondern die Untersuchungen in den entsprechenden Kornbereichen durchführt, da man ja stets bestrebt ist, nach Möglichkeit bereits in gröberen Körnungen zu sortieren.

Die nächste Frage gilt der Probemenge, die für die eigentliche mikroskopische Untersuchung erforderlich ist. Das Auszählen von ca. 1000 Körnern eines Kornproduktes dürfte bei sorgfältig durchgeführter Probenahme und Verjüngung ausreichen, um zu einer genügenden Genauigkeit der Ergebnisse zu gelangen. Die gröbste Kornklasse des flotationsfein gemahlenen Aufgabegutes liegt bei 250 µ, d. h., 1000 Körner entsprechen dabei etwa einer Fläche von 0,6 cm^2, oder mit anderen Worten, ein einziger Anschliff müßte für die Untersuchung genügen. REHWALD (1955) begründet dies rechnerisch an Beispielen. Er führt dann aber weiter aus, daß auf Grund des überaus weiten Kornbereiches von 250 bis 1 µ ein einziger Schliff keineswegs genügt, um eine möglichst gleichmäßige Verteilung der Korngrößen und Komponenten zu erreichen, da eine Entmischung nach Korngröße und spezifischem Gewicht unvermeidbar ist.

Tab. 1. Bleiglanzkonzentrat

Korngröße in Mikron		> 200	> 150	> 100	> 75	> 42	> 21	> 10	< 10
Gewichtsanteile in %		0,1	0,7	3,4	9,4	3,0	19,4	46,3	17,6
Metallgehalte	Pb		12,0	16,0	35,8	67,1	67,8	54,9	49,9
nach chemi-	Zn		8,3	13,5	9,4	2,9	2,8	6,4	7,0
scher Analyse	Cu		5,5	9,4	6,5	2,4	2,2	4,2	4,6
	Sn		n.b.	n.b.	n.b.	n.b.	1,3	1,8	2,6
	S		n.b.	25,6	23,5	n.b.	17,6	20,7	21,4

Mineralogische Kornzusammensetzung (in Gew.-%)

a) (Detaillierte Darstellung)

PbS	8,0	7,6	18,7	27,3	81,3	87,7	75,5
ZnS	3,8	4,1	5,1	4,1	1,4	1,4	1,2
$CuFeS_2$	8,0	10,5	13,2	12,4	6,1	2,2	6,9
Cu_2FeSnS_4	3,1	4,9	6,8	8,6	1,6	1,8	4,7
FeS	2,6	0,6	0,4	0,3	0,4	0,1	0,1
Pyrit	0,5	0,3	0,7	1,7	0,2	0,2	0,9
Markasit	1,2	1,2	0,6	1,8	0,2	0,2	–
SiO_2	3,2	2,9	0,4	0,1	–	–	–
Karbonate	2,2	1,7	0,7	0,4	–	–	–
PbS/ZnS	4,7	7,2	9,7	8,3	1,3	1,6	1,8
$PbS/CuFeS_2$	0,4	1,3	1,5	1,3	0,5	0,7	0,1
PbS/Cu_2FeSnS_4	0,5	0,8	1,5	0,8	0,1	0,4	0,2
PbS/FeS	–	0,3	0,3	0,4	–	0,2	0,2
PbS/Markasit	1,7	9,4	6,6	11,5	3,3	1,9	0,3
PbS/SiO_2	26,8	9,8	1,8	0,9	0,1	–	–
PbS/Karbonate	13,2	16,1	7,3	1,9	0,1	0,1	–
$ZnS/CuFeS_2$	1,5	2,3	3,5	3,1	0,2	0,2	0,7
ZnS/Cu_2FeSnS_4	6,8	12,4	17,7	13,7	3,2	1,3	7,4
ZnS/FeS	–	0,1	0,1	0,1	–	–	–
ZnS/Markasit	0,9	0,5	0,5	0,4	–	–	–
ZnS/SiO_2	3,0	1,3	0,1	–	–	–	–
ZnS/Karbonate	0,8	1,2	0,6	–	–	–	–
$CuFeS_2/Cu_2FeSnS_4$	–	0,6	0,7	0,3	–	–	–
$CuFeS_2$/Markasit	0,5	0,2	0,3	0,2	–	–	–
$CuFeS_2/SiO_2$	3,3	0,7	0,1	–	–	–	–
$CuFeS_2$/Karbonate	0,7	0,6	0,7	0,3	–	–	–
Cu_2FeSnS_4/SiO_2	1,1	0,1	0,1	–	–	–	–
Cu_2FeSnS_4/Karbonate	0,3	0,7	0,3	0,1	–	–	–
SiO_2/Karbonate	1,2	0,6	–	–	–	–	–
Summe:	100,0	100,0	100,0	100,0	100,0	100,0	100,0
Zahl der ausgezählten Körner	900	980	1330	1170	1180	1300	1300

b) (Zusammengefaßte Darstellung)

PbS – frei	8,0	7,6	18,7	27,3	81,3	87,7	75,5
PbS-Verwachsungen	47,3	44,9	28,7	25,1	5,4	4,9	2,6
ZnS – frei	3,8	4,1	5,1	4,1	1,4	1,4	1,2
ZnS-Verwachsungen ohne (PbS)	13,0	17,8	22,5	17,3	3,4	1,5	8,1
$CuFeS_2$ – frei	8,0	10,5	13,2	12,4	6,1	2,2	6,9
$CuFeS_2$-Verwachsungen (ohne PbS, ZnS)	4,5	2,1	1,8	0,8	–	–	–
Cu_2FeSnS_4 – frei	3,1	4,9	6,8	8,6	1,6	1,8	4,7
Cu_2FeSnS_4-Verwachsungen (ohne PbS, ZnS, $CuFeS_2$)	1,4	0,8	0,4	0,1	–	–	–
Andere Erzkörner	4,3	2,1	1,7	3,8	0,8	0,5	1,0
Gangarten	6,6	5,2	1,1	0,5	–	–	–
Summe:	100,0	100,0	100,0	100,0	100,0	100,0	100,0

Um diese Entmischung weitgehend auszuschalten, ist unbedingt eine Klassierung des Probegutes durchzuführen. Die Proben wurden daher bis 75 µ mit Sieben (DIN 1171) klassiert. Das Material unter 75 µ wurde mit Hilfe der Schlämmanalyse (Schlämmapparat nach KOPECKY-KRAUSS) in folgende Fraktionen getrennt: > 60, 60–42, 42–21, 21–10, < 10 µ.

Die Anwendung dieser verschiedenen Methoden, einmal Trennung der Körner nach den Korngrößen, zum anderen nach der Gleichfälligkeit, bewirkt zumeist einen „Sprung" in der Körnungskennlinie.

Insgesamt wurden neun Fraktionen hergestellt. Die Kornfraktion < 10 µ wurde wegen der Schwierigkeit der Schliffherstellung nicht mikroskopisch untersucht, so daß für jedes Aufbereitungsprodukt insgesamt 8 Körneranschliffe notwendig waren. Die einzelnen Kornprodukte wurden in Kunstharz eingebettet und mit einer REHWALD-Maschine angeschliffen und poliert.

Die insgesamt erforderliche Probemenge läßt sich unter der Voraussetzung, daß in jedem Anschliff mindestens 1000 Körner ausgezählt werden müssen, leicht errechnen. Es genügt aber nicht, 1000 Körner jeder Kornklasse entsprechend dem spezifischen Gewicht des Materials auf die Gewichtsmenge umzurechnen, sondern man muß berücksichtigen, daß 1000 Körner wirklich angeschliffen sein müssen. Die einzusetzende Probemenge erhöht sich dadurch. Man wird aber kaum fehlgehen, wenn für jeden Körneranschliff als Maximalwert eine Probemenge von 2 g angenommen wird.

Für die quantitative mikroskopische Untersuchung wurden in jedem Anschliff ca. 1000 bis 1200 Körner ausgezählt. Nach Befestigen des Anschliffs im Kreuzschlitten erfolgte das Auszählen der Körner entlang parallelen Linien im Abstand von 1 mm beim Durchgang durch das Fadenkreuz. Für jede Mineralkomponente mußte zwischen aufgeschlossenen und verwachsenen Körnern unterschieden werden. Die ermittelten Kornzahlen wurden in Prozentzahlen umgerechnet. Die Einzelheiten der zwar einfachen, aber zeitraubenden Umrechnung in Gewichtsprozente sollen hier nicht beschrieben werden, sondern es soll nur auf die Umrechnung der verwachsenen Mineralkörner hingewiesen werden[1]).

Da die einzelnen Minerale innerhalb eines Kornes nur selten in gleichen Anteilen vorliegen, müßten bei Forderung nach größerer Genauigkeit an jedem verwachsenen Korn die Flächen der an der Verwachsung beteiligten Minerale ausgemessen und über das gewogene arithmetische Mittel das Gewicht des Kornes errechnet werden. Dies ist jedoch eine praktisch nicht zu lösende Aufgabe. Wir haben diese Methode einmal zu Vergleichszwecken angewendet und dabei festgestellt, daß das mittlere Korngewicht dem nahekommt, das man bei Annahme gleicher Volumenanteile je Korn erhält. Zur Verein-

[1]) Oftmals wird es allerdings ausreichen, die Volumenprozente zu vergleichen und auf die zeitraubende Umrechnung in Gewichtsprozente zu verzichten. Dies gilt insbesondere dann, wenn nur ein Mineral bei der Untersuchung berücksichtigt, also zum Beispiel der Aufschlußgrad von Bleiglanz bestimmt werden soll.

fachung wurde daher im folgenden für jede vorkommende Verwachsung die Umrechnung unter dieser Annahme durchgeführt. Mit dieser Umrechnung wird zwar keineswegs die Genauigkeit von chemischen Analysen erreicht, sie dürfte aber für die vorliegende Aufgabenstellung in jedem Fall genügen.

Neben der mikroskopischen Bearbeitung wurde eine größere Zahl von Proben auch chemisch-analytisch untersucht. Es muß nicht besonders hervorgehoben werden, daß die kombinierte Anwendung chemischer und mikroskopischer Methoden für den Aufbereiter eine wünschenswerte Ergänzung darstellt.

Für die mikroskopische Bearbeitung selbst sind chemische Analysen besonders dort unerläßlich, wo die mikroskopische Bestimmung schwierig oder gar unmöglich wird. Das gilt im allgemeinen für den Korngrößenbereich unter 10 μ. Daneben besitzen die chemischen Bestimmungen zur Kontrolle der mikroskopischen Analyse Bedeutung. Eine Reihe von Vergleichen zeigte eine anfänglich nicht erwartete gute Übereinstimmung der Ergebnisse beider Methoden; lediglich in den kleineren Korngrößenbereichen waren die Abweichungen größer, was wohl auf größere subjektive Fehler der mikroskopischen Bestimmung in diesen Kornbereichen hindeutet und nicht zuletzt auf eine weniger gute Schliffqualität zurückzuführen ist. Die relativ gute Übereinstimmung zeigt zugleich, daß die angewandte Methode der Umrechnung von Kornprozenten in Gewichtsprozente genügende Genauigkeit besitzt.

Die Darstellung der Ergebnisse erfolgte in Anlehnung an STILLWELL & EDWARDS (1942) zunächst in einer ausführlichen Tabelle, in der alle auftretenden aufgeschlossenen und verwachsenen Körner, ausgehend von ihrem Mineralbestand, erfaßt wurden (Tab. 1). Um die Ergebnisse übersichtlich graphisch darstellen zu können, mußten die detaillierten Ergebnisse der Tabelle 1a zusammengefaßt werden (Tab. 1b). In den graphischen Darstellungen wurden die besonders interessierenden Verwachsungen durch Engschraffur hervorgehoben und jeweils über dem zugehörigen aufgeschlossenen (unverwachsenen) Mineralanteil aufgetragen.

Bei der Beurteilung der Diagramme müssen auf jeden Fall die Kornfraktionsanteile (Gewichtsanteile in %) berücksichtigt werden. Es ist daher zweckmäßig und

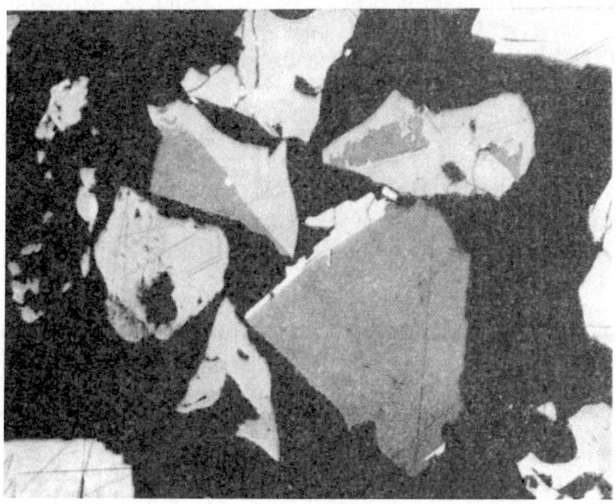

Abb. 1. Zinkblendekorn (dunkelgrau), an einer Seite von einem Bleiglanzsaum (weiß) umgeben. Daneben Zinkkieskörner (hellgrau) mit Zinkblende verwachsen

Schliff-Nr. 460/58; Vergr.: 225 ×, -N, Luft; Bleiglanzmittelprodukt (Foto: ZASTROW)

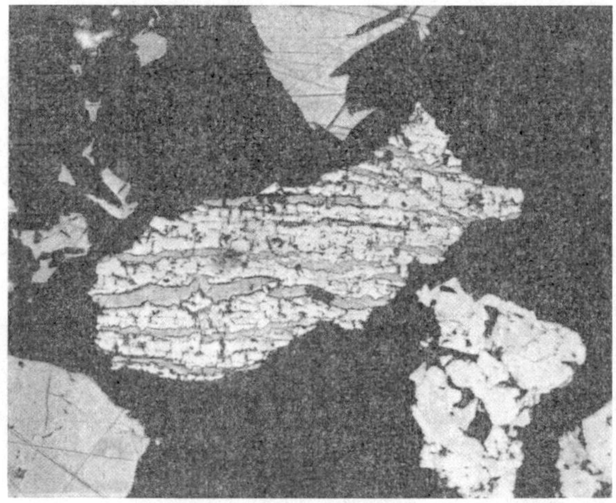

Abb. 2. Lamellares Markasit-Pyrit-Aggregat (Magnetkiesumwandlung) mit narbiger Oberfläche, in das Bleiglanz (hellgrau) eingedrungen ist

Schliff-Nr. 440/58; Vergr.: 365 ×, -N, Öl; Bleiglanzmittelprodukt (Foto: ZASTROW)

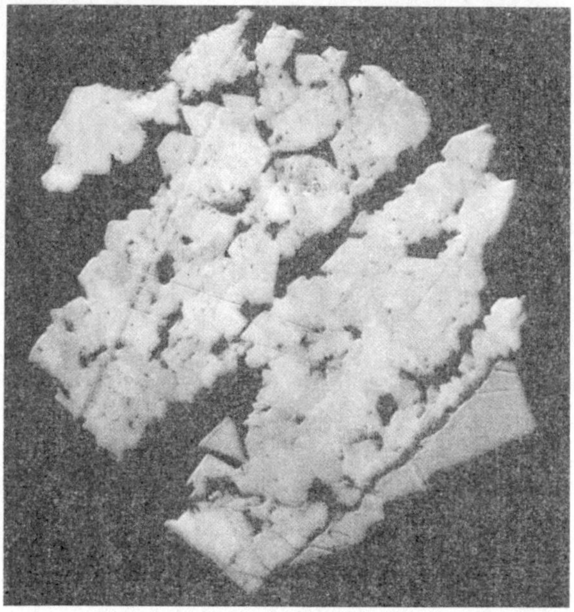

Abb. 3. Markasit-Pyrit-Aggregat (lamellar) mit Bleiglanzsaum (Schleifkratzer!)

Schliff-Nr. 448/58; Vergr.: 630 ×, -N, Luft; Bleiglanzmittelprodukt (Foto: ZASTROW)

stets anzustreben, diese mit in die graphische Darstellung einzuarbeiten (s. Abb. 4a und 4b). Die Fraktionsanteile wurden auf der Abszisse aufgetragen, d. h., die Fläche über der Kornfraktion entspricht dem wahren Anteil an freiem und verwachsenem Mineral. Leider war diese Darstellungsmethode bei den Konzentraten aus zeichentechnischen Gründen nicht anwendbar, da die Fraktionsanteile hier in zu großen Bereichen schwanken. Andererseits hätte die Anwendung verschiedener Maßstäbe auf der Abszisse die Übersichtlichkeit der Darstellung stark gemindert. Aus diesem Grunde wurden die Gewichtsanteile jeder Fraktion nur als Zahlenwert angegeben.

III. Verwachsungsverhältnisse der Brander Erze

Es soll hier keine umfassende Beschreibung der Erzmineralien und ihrer Verwachsungen im Brander Revier gegeben werden, da Arbeiten der letzten Jahre diese Fragen erschöpfend behandelt haben. Bei diesen neueren erzmikroskopischen Untersuchungen sind jedoch die Erzmineralien und ihre Verwachsungen im wesentlichen im Hinblick auf genetische Schlußfolgerungen betrachtet worden, ohne dabei das Verhalten der verschiedenen Verwachsungsformen bei der Zerkleinerung zu berühren. Im folgenden soll aber gerade die Form und die Zusammensetzung der durch die Zerkleinerung entstehenden Körner behandelt werden, die letzten Endes das Flotationsverhalten und den Trenneffekt bestimmen. Es ist jedoch bei der Vielfalt der Verwachsungsstrukturen nicht möglich, jede Verwachsungsform bis in Einzelheiten zu beschreiben. Verf. beschränkt sich daher auf die Charakterisierung von Verwachsungsstrukturen, die für Brander Erze typisch sind und hinsichtlich der Häufigkeit ihres Auftretens einen erkenn- und meßbaren Einfluß auf den Trenneffekt des angewendeten Flotationsverfahrens haben.

1. Bleiglanzverwachsungen

Bleiglanz/Zinkblende-Verwachsungen treten auf Grund der paragenetischen Verhältnisse sehr häufig auf und bedingen auch mengenmäßig einen beträchtlichen Anteil der Bleiglanzverwachsungen. Bleiglanz verdrängt die Zinkblende z. T. weitgehend, wobei feinzahnige Verwachsungen auftreten. Häufig erfolgt die Verdrängung der Zinkblende von Spaltrissen aus. Die Untersuchung des auf Flotationsfeinheit zerkleinerten Materials zeigt, daß in fast allen Fällen der Bruch bei der Zerkleinerung nicht entlang den Verwachsungsflächen erfolgt, sondern vielmehr innerhalb des Bleiglanzes. Dadurch entsteht bei der Zerkleinerung eine Vielzahl von Zinkblendekörnern, die ganz oder teilweise von einem Bleiglanzsaum umgeben sind und so entsprechend ihrer Oberfläche bei der Flotation vielfach als „Bleiglanzkörner" wirken, d. h. im Bleikonzentrat angereichert werden (Abb. 1).

Bleiglanz/Pyrit- bzw. Markasit-Verwachsungen sind für das Brander Revier typisch und von besonderer Bedeutung. Es handelt sich bei diesen Verwachsungen überwiegend um feinlamellare Markasit/Pyrit-Aggregate als Umwandlungsprodukte des Magnetkieses, zwischen die Bleiglanz eingedrungen ist (Abb. 2). Bei der Zerkleinerung erfolgt auch hier der Bruch zumeist im Bleiglanz, so daß die Oberfläche zum größten Teil aus Bleiglanz besteht und so das Bleikonzentrat durch Markasit und Pyrit verunreinigt wird. Andererseits sind die Pb-Gehalte im Pyritkonzentrat vorwiegend auf diese Verwachsungen zurückzuführen. Die Verwachsungen sind so fein, daß sie auch in den kleinsten Kornfraktionen noch auftreten (Abb. 3).

Bleiglanz/Karbonat- bzw. Quarz-Verwachsungen treten besonders in den gröberen Fraktionen ($> 75\,\mu$) auf, die aber gewichtsmäßig nur einen geringen Anteil darstellen. Auch hier läßt sich immer wieder beobachten, daß der Gangartenanteil im Bleikonzentrat vor allem auf Bleiglanzsäume um Karbonat- und Quarzbruchstücke zurückzuführen ist.

Bleiglanzverwachsungen mit Kupferkies und Zinnkies sowie Arsenkies treten gegenüber den beschriebenen zurück. Während Kupferkies und Zinnkies enger an Zinkblende gebunden sind, tritt Arsenkies bevorzugt auf solchen Gangspalten auf, die aus spaltentektonischen Gründen bleiglanzarm sind.

2. Zinkblendeverwachsungen

Zinkblende/Kupferkies- bzw. Zinnkies-Verwachsungen. Auf Grund der paragenetischen Verhältnisse (BAUMANN 1958) sind Kupferkies und Zinnkies eng mit Zinkblende verwachsen, wobei besonders die Zinkblende/Zinnkies-Verwachsungen sehr innig verzahnt sind. Für die Verdrängung der Zinkblende durch Zinnkies sind besonders die Spaltflächen der Zinkblende (Oktaederflächen) prädestiniert. Die Verwachsungen treten auch in den feinsten Kornfraktionen noch in recht bedeutendem Maße auf. Der Aufschluß wird also stets unvollkommen sein. Da Kupferkies und Zinnkies gleiches Flotationsverhalten zeigen wie Bleiglanz, gehen diese Verwachsungen entsprechend dem Anteil der einzelnen Komponenten an der Oberfläche eines Bruchstückes teils in das Blei- und teils in das Zinkkonzentrat. — Neben diesen Verwachsungen treten in der katathermalen Blende stets Entmischungen von Kupferkies, Zinnkies und Magnetkies auf, die zumeist kleiner als 10 μ und somit vorwiegend im Zinkblendekonzentrat zu finden sind.

Zinkblende/Markasit- bzw. Pyrit-Verwachsungen sind in großer Menge vertreten. Zinkblende ist mit den bereits beschriebenen feinlamellaren Markasit/Pyrit-Aggregaten in ähnlicher Form wie Bleiglanz verwachsen. Die Mehrzahl dieser Verwachsungen geht in das Zinkkonzentrat, da auch hier in den meisten Fällen der Bruch innerhalb der Zinkblende erfolgt.

Zinkblende/Quarz- bzw. Karbonat-Verwachsungen treten vorwiegend in den gröberen Kornfraktionen auf und bedingen hier im Zinkkonzentrat einen nicht unbeträchtlichen Anteil an Gangarten. Zum anderen ist vor allem durch diese Verwachsungen der Zn-Gehalt in den Endbergen und z. T. im Pyritkonzentrat zu erklären.

3. Pyrit- und Markasit-Verwachsungen

Auf die Verwachsungen mit Bleiglanz und Zinkblende ist bereits eingegangen worden. Es sind noch die FeS_2/Gangart-Verwachsungen hervorzuheben. Es handelt sich hier einmal um Verwachsungen mit lamellarem Markasit $\pm$ Pyrit mit der gleichen schon beschriebenen Erscheinungsform, zum anderen auch um Verwachsungen mit derben Pyrit-Aggregaten oder Einzelkristallen. Durch eine fast stets vorhandene Kataklase des Pyrits ist eine intensive Verwachsung besonders mit jüngerem Quarz gegeben, der die Pyritbruchstücke verkittet. Verwachsungen mit Karbonat treten demgegenüber aus paragenetischen Gründen zurück. Der Hauptanteil dieser Verwachsungen fällt im Pyritkonzentrat an, daneben aber auch in den Endbergen und im Arsenkieskonzentrat.

Bei den Untersuchungen konnte immer wieder an einer großen Zahl von verwachsenen Bruchstücken beobachtet werden, daß die „Bindungskraft" der einzelnen Mineralien untereinander, d. h. an ihren Verwachsungsgrenzen, stärker ist als die innerhalb eines Minerals. Wir müssen daher REHWALD zustimmen, daß die Trennung entlang der Verwachsungsflächen eine seltene Ausnahme bildet. Diese Erscheinung ist besonders dann ausgeprägt, wenn eines der beiden miteinander verwachsenen Minerale durch gute Spaltbarkeit (Bleiglanz) ausgezeichnet oder gegenüber dem anderen spröde ist (Zinkblende). Dadurch entstehen die das Flotationsergebnis, d. h. den Trenneffekt, ungünstig beeinflussenden Überzüge, die im Verhältnis zum Gesamtkorn oftmals nur hauchdünn sind (z. T. submikroskopisch) und so Fehlmetallgehalte im Konzentrat bedingen. Wovon die Stärke der Bindungskraft an der Verwachsungsfläche abhängt, ist nicht genau bekannt. Sie kann sowohl durch chemische als auch durch Gitterverwandschaft der verwachsenen Mineralien bedingt sein.

IV. Ermittlung von Aufschlußgrad und Aufschlußpunkt

Obwohl im vorliegenden Fall weniger die Ermittlung des Aufschlußpunktes im Vordergrund stand, sondern vielmehr die Beurteilung eines bereits erprobten Flotationsverfahrens bei Beschickung der Anlage mit ähnlichen Erzen, soll hier auch diese Seite der Bearbeitung erwähnt werden.

Ziel des Aufbereiters ist stets, unter Berücksichtigung der Wirtschaftlichkeit eines Verfahrens den größtmöglichen Anteil des Haufwerkes in freie, unverwachsene Mineralkörner zu zerlegen (aufzuschließen). Wie gezeigt wurde, sind die Brander Erze sehr innig und fein verwachsen, so daß es also praktisch nicht möglich ist, alle Mineralkörner aufzuschließen. Am aufgemahlenen Aufgabegut wurde der Anteil der aufgeschlossenen bzw. verwachsenen Mineralkörner ermittelt (Abb. 4a und 4b). Aus dem Aufschluß- bzw. Verwachsungsgrad läßt sich dann der vom Aufbereiter festzulegende Aufschlußpunkt ableiten, bzw. es werden damit — wie im vorliegenden

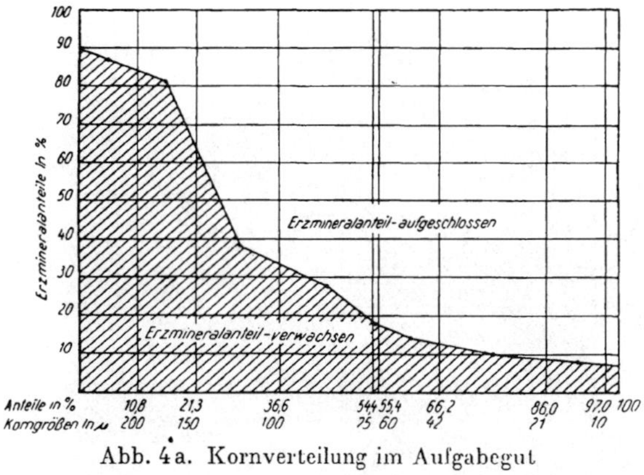

Abb. 4a. Kornverteilung im Aufgabegut

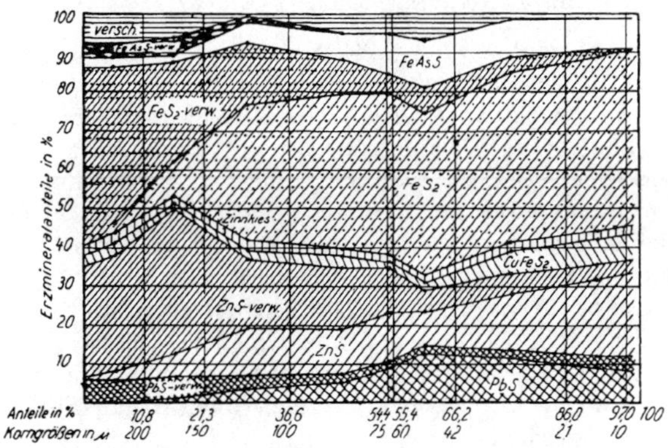

Abb. 4b. Kornverteilung im Aufgabegut (detailliert)

Fall — dem Aufbereiter Hinweise für die Qualität seiner Zerkleinerungsarbeit gegeben.

Der Aufschlußgrad nach GAUDIN (1939) gibt den prozentualen Anteil des aufgeschlossenen Gutes vom Gesamtanteil einer Mineralkomponente an. Es wird also z. B. der Anteil der freien (aufgeschlossenen) Bleiglanzkörner ins Verhältnis zu dem gesamten Bleiglanzanteil gesetzt. Betrachtet man umgekehrt die verwachsenen Körner einer Mineralkomponente, so läßt sich der Verwachsungsgrad in Hundertteilen zum Ausdruck bringen.

Bei vorliegender Untersuchung kam es allerdings nicht auf die zahlenmäßige Ermittlung dieser Kennwerte an, so daß wir uns auf die in Abb. 4a und 4b wiedergegebene graphische Darstellung beschränkten, die aber u. E. recht deutlich die Aufschluß- bzw. Verwachsungsverhältnisse im Aufgabegut widerspiegelt und dem Aufbereiter entsprechende Schlußfolgerungen erlaubt.

Da der überwiegende Anteil des Aufgabegutes aus freien Gangartkörnern besteht, diese aber weniger interessieren, schien es zweckmäßig, lediglich die Erzmineralien zu betrachten. Die Summe aller Erzmineralkörner je Kornfraktion wurde daher gleich 100 gesetzt und der Anteil der verwachsenen (und damit zwangsläufig der freien) Erzkörner in Prozent ermittelt (Abb. 4a). In Abb. 4b ist der Erzmineralanteil noch in die Einzelkomponenten „aufgeschlüsselt", so daß hieraus abzulesen ist, welche Verwachsungen im einzelnen besonders stark hervortreten. Im vorliegenden Fall sind besonders die reichlichen Anteile der Zinkblende-, Pyrit- und Markasitverwachsungen bis zu 75—60 μ Korngröße auffällig. Dagegen ist Bleiglanz als Hauptkomponente relativ gut aufgeschlossen, was auch im Metallausbringen zum Ausdruck kommt.

Der theoretische Aufschlußpunkt ist die Grenzkorngröße, bei der theoretisch keine Verwachsungen mehr auftreten. Um diesen zu erreichen, müßte das gesamte Rohhaufwerk bis zur kleinsten als Verwachsung auftretenden Korngröße zerkleinert werden. Dies ist aber einmal aus dem bereits dargelegten Verhalten der Mineralkomponenten an den Verwachsungsflächen praktisch nicht möglich und zum anderen aus wirtschaftlichen und technischen Gründen nicht durchführbar (KIRCHBERG 1953). Im vorliegenden Fall müßte der Aufschlußpunkt unter 10 μ, bei Betrachtung der Zinkblendeentmischungen sogar im submikroskopischen Bereich liegen. Daraus geht hervor, daß dem theoretischen Aufschlußpunkt nur in seltenen Fällen eine praktische Bedeutung beizumessen ist. Es muß also vielmehr die Aufschlußgröße bestimmt werden, bei der unter optimalen Bedingungen die höchsten Metallgehalte in den Konzentraten und die niedrigsten in den Bergen auftreten. Diese Aufschlußgröße ist als praktischer Aufschlußpunkt definiert. Er kann nur vom Aufbereiter unter Berücksichtigung wirtschaftlicher und technologischer Erwägungen festgelegt werden.

V. Beurteilung des angewendeten Flotationsverfahrens

Wie bereits erwähnt, erfolgten die Untersuchungen zur Beurteilung eines für ähnliche komplexe Erze bereits bewährten Flotationsverfahrens. Es wurden daher neben dem Aufgabegut das Bleiglanz-, Zinkblende-, Pyrit- und Arsenkieskonzentrat, einige Bleiglanz- und Zinkblendemittelprodukte sowie die Endberge untersucht (vgl. den dieser Veröffentlichung zugrunde liegenden Bericht, KRAFT 1960). Insgesamt 18 Aufbereitungsprodukte wurden quantitativ mineralogisch analysiert, da die Blei- und Zinkflotation in zwei Systemen erfolgt, die sich jedoch — wie festgestellt werden konnte — hinsichtlich ihres Anreicherungseffektes nicht wesentlich unterscheiden.

Bei dem Großversuch wurde die für Freiberger Erze angewandte Technologie nicht verändert. Auf Einzelheiten der Versuchsdurchführung kann an dieser Stelle nicht eingegangen werden.

Im folgenden sollen die sehr umfangreichen erzmikroskopischen Untersuchungen nicht im einzelnen behandelt, sondern nur an einigen Beispielen die mikroskopischen Ergebnisse diskutiert und Schlußfolgerungen abgeleitet werden.

1. Bleiglanzflotation

Die Kornverteilung im Bleiglanzkonzentrat zeigt (Abb. 5, Tab. 1a und 1b), daß über 83 Gew.-% aller

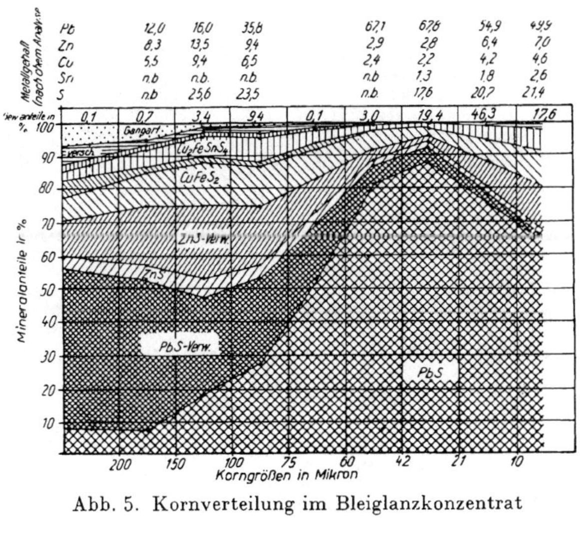

Abb. 5. Kornverteilung im Bleiglanzkonzentrat

Körner im Kornbereich unter 42 μ konzentriert sind, und zwar ist der Anteil der verwachsenen Mineralien in diesem Korngrößenbereich unbedeutend. Dieses Resultat dürfte im wesentlichen auf die außerordentlich gute Spaltbarkeit des Bleiglanzes zurückzuführen sein. Der Hauptanteil der verwachsenen Mineralkörner ist dagegen vorwiegend im Kornbereich über 75 μ angereichert und spielt infolge der obenaufgeführten Gewichtsanteile dieser Kornfraktionen keine entscheidende Rolle. Durch eine weitergehende Zerkleinerung würde also nicht viel gewonnen. Unter den Bleiglanzverwachsungen herrschen die mit Zinkblende, Markasit und Karbonat bei weitem vor.

Bei der chemischen Analyse des gesamten Bleiglanzkonzentrats wurde ein Zinkgehalt von über 5% ermittelt. Wie Abb. 5 sowie vor allem Tab. 1a zeigen, ist dieser Gehalt besonders auf Verwachsungen von Zinkblende mit Zinnkies und Kupferkies sowie Bleiglanz zurückzuführen. Da Zinnkies und Kupferkies ein ähnliches Flotationsverhalten wie Bleiglanz zeigen, gehen diese Verwachsungen in das Bleiglanzkonzentrat. Der Zinkgehalt im Bleiglanzkonzentrat ist also eindeutig auf ungenügenden Aufschluß, nicht aber auf ungenügenden Trenneffekt des Flotationsverfahrens selbst zurückzuführen. Ein beträchtlicher Anteil der Zinkblendeverwachsungen liegt jedoch bereits im Korngrößenbereich unter 75 μ. Inwieweit eine weiterzutreibende Zerkleinerung vom technischen und ökonomischen Standpunkt zu vertreten wäre, kann nur vom Aufbereiter selbst erörtert werden.

Bedingt durch die lagerstättengeologische Situation ist das Bleiglanzkonzentrat der Brander Erze wesentlich zinnreicher als das der Freiberger Erze. Ein großer Teil des Zinnkieses liegt dabei in Verwachsungen mit Zinkblende vor. Dabei sind auch Zinnkiesentmischungen in der Zinkblende — worauf auch der hohe Zinngehalt in der Kornfraktion unter 10 μ hindeutet — mit beteiligt. Gegenüber Zinnkies ist der Aufschlußgrad des Kupferkieses wesentlich günstiger, was offenbar auf die innigere Verzahnung der Zinkblende/Zinnkies-Verwachsungen zurückgeführt werden muß.

2. Zinkblendeflotation

Die Analyse des Zinkkonzentrats (Abb. 6) läßt erkennen, daß der Anteil der verwachsenen Zinkblendekörner (unter Berücksichtigung der Gewichtsanteile je

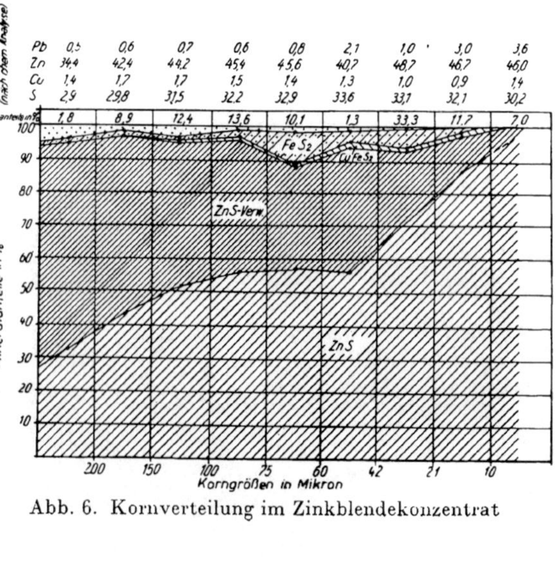

Abb. 6. Kornverteilung im Zinkblendekonzentrat

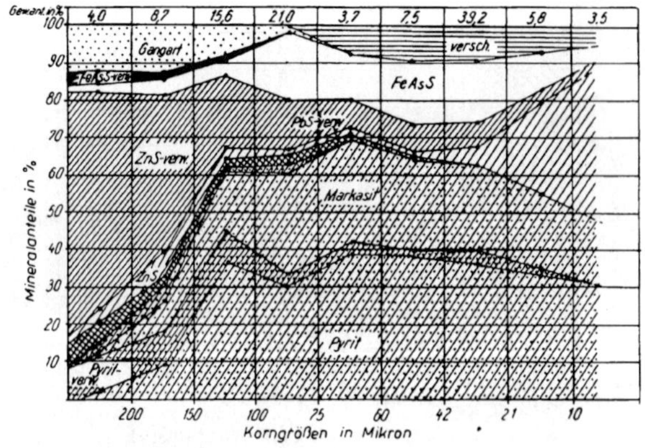

Abb. 7. Kornverteilung im Pyritkonzentrat

Kornfraktion) relativ groß ist. Die Zinkblende ist im wesentlichen mit Zinnkies, Kupferkies und Pyrit/Markasit verwachsen. Der Hauptanteil der Verwachsungen liegt in Korngrößen vor, die durch Verbesserung der Zerkleinerung theoretisch aufgeschlossen werden könnten. Damit würde nicht nur das Zn-Ausbringen im Zinkblendekonzentrat, sondern auch das Ausbringen an Cu und Sn im Bleiglanzkonzentrat erhöht.

Das relativ niedrige Metallausbringen (rechnerisch) des Zinks von rd. 74% gegenüber dem des Bleis von rd. 92% muß wohl auf die im Hinblick auf die Zinkblendeverwachsungen ungenügende Zerkleinerungsarbeit zurückgeführt werden.

3. Pyritflotation

Wie nach der Kornanalyse des Zinkblendekonzentrats zu erwarten[2]), treten im Pyritkonzentrat (Abb. 7) vorzugsweise im Kornbereich über 75 μ recht beträchtliche Zinkblendeverwachsungen auf. Sie sind durch die feinlamellaren Verwachsungsstrukturen bedingt, die noch nicht genügend aufgeschlossen wurden. Der relativ hohe Anteil an unverwachsenen Zinkblende-, Arsenkies- und Gangartenkörnern deutet gleichzeitig auch darauf hin, daß die selektive Flotation im Hinblick auf diese Minerale offenbar noch nicht am günstigsten eingestellt ist.

4. Endberge

Hier scheint es zweckmäßig, den geringen Anteil der erzhaltigen Körner, die bei der mikroskopischen Untersuchung interessieren, von den unverwachsenen Gangarten- und Nebengesteinsbruchstücken abzutrennen, d. h., durch Schwerelösungen anzureichern. — Die Metallgehalte in den Endbergen mit Pb 0,12%, Zn 0,29% und S 5,1%, sind relativ niedrig und im wesentlichen bedingt durch Verwachsungen von Bleiglanz, Zinkblende und Pyrit/Markasit mit Gangarten sowie aufgeschlossene Zinkblende- und Pyritkörner. Man muß dabei aber berücksichtigen, daß die Endberge immerhin ca. 80% der Aufgabe ausmachen. Eine technisch und ökonomisch begründete weitere Minderung der Metallgehalte in den Endbergen bedeutet daher einen nicht unbeträchtlichen volkswirtschaftlichen Gewinn.

VI. Schlußfolgerungen

Zusammenfassend kann also festgestellt werden, daß der Trenneffekt und damit das Ausbringen des Bleiglanzes zufriedenstellend sind. Dagegen ließe sich das

[2]) Diese Einzelheiten treten besser in der tabellarischen Darstellung hervor, die aber hier aus Raumgründen nicht wiedergegeben werden konnte.

Ausbringen der Zinkblende durch eine Verbesserung der Zerkleinerungsarbeit theoretisch erhöhen. Da Zinkblende vor allem auch mit Kupferkies, Zinnkies und Bleiglanz verwachsen ist, würde damit gleichzeitig das Ausbringen dieser Komponenten erhöht. Bezugnehmend auf den Anteil unverwachsener Zinkblendekörner im FeS_2-Konzentrat muß angenommen werden, daß Zinkverluste auch auf ungenügende Selektivität der Zinkblendeflotation zurückgeführt werden müssen.

Insgesamt konnte aber im Vergleich mit den Erfolgsdaten der Aufbereitung Freiberger Erze festgestellt werden, daß die ähnlich gearteten komplexen Erze des Brander Reviers ohne wesentliche Umstellung des für Freiberger Erze angewandten Flotationsverfahrens mit gleichen oder ähnlichen Erfolgsaussichten aufzubereiten sind.

Zusammenfassung

Ausgehend von einer umfangreichen erzmikroskopischen Untersuchung zur Beurteilung eines im Großversuch durchgeführten Flotationsverfahrens, behandelt Verf. insbesondere die angewandte Untersuchungsmethode. Neben einer kurzen qualitativen Kennzeichnung der Erze wird vor allem die quantitative mineralogische Kornanalyse betont. Am auf Flotationsfeinheit zerkleinerten Haufwerk (Aufgabegut) werden Aufschluß- bzw. Verwachsungsgrad und Aufschlußpunkt diskutiert sowie am Beispiel einiger Aufbereitungsprodukte (Konzentrate) eine Einschätzung der Zerkleinerungs- und Flotationsarbeit gegeben.

Резюме

Исходя из обширного минераграфического исследования с целью оценки флотационного способа, проведенного в крупных масштабах, автор в частности освещает использованный метод исследования. Наряду с краткой качественной характеристикой руд отмечается прежде всего количественный минералогический анализ зерен. На примере сырого материала (нагрузки), измельченного до флотационной тонкости, обсуждаются степень разделения отдельных минералов и степень срастания, а дальше точка разделения. Кроме того, дается оценка работы измельчения и флотационной работы на примере нескольких продуктов обогащения (концентратов).

Summary

Proceeding from an extensive ore microscope study for the evaluation of a flotation process carried out in a large scale test, the author deals in particular with the method of investigation applied. In addition to a brief qualitative characterization of the ores special significance is above all assigned to the quantitative mineralogical grain analysis. The degree of dissolution, and of coalescence respectively, as well as the point of dissolution of the heap (feed material), reduced to flotation fineness, are discussed. The example of some products of dressing (concentrates) is given to evaluate crushing and flotation operations.

Literatur

BAUMANN, L.: Tektonik und Genesis der Erzlagerstätte von Freiberg (Zentralteil). — Freib. Forsch.-H., C 46, 1958.
EDWARDS, A. B.: Textures of the ore minerals. — Melbourne, 1947.
GAUDIN, A. M.: Principles of mineral dressing. — McGraw-Hill Book Company, New York 1939.
GREULICH, E.: Großversuch mit Erz der BA Brand zur Herstellung eines verhüttungsfähigen Zinkblendekonzentrates. — 1958, unveröff.
KIRCHBERG, H.: Aufbereitung bergbaulicher Rohstoffe. — Bd. I, Jena 1953.
KRAFT, M.: Erzmikroskopische Untersuchungen über die Aufbereitbarkeit von mylonitischem Gangmaterial am Beispiel des Silberfund-Stehenden, Revier Brand südlich Freiberg. — Z. angew. Geol., **4**, S. 293—298 (1958).
— Ergebnisbericht über die erzmikroskopische Untersuchung von Aufbereitungsprodukten Brander Erze. — 1960, unveröff.
LÖHN, J.: Das Schwimmverhalten von Zinnkies und seine flotative Abtrennung aus einem Blei-Zink-Erz. — Freib. Forsch.-H., A 107, 1958.
RAMDOHR, P.: Die Auflichtmikroskopie bei der Untersuchung der Erzlagerstätten. Eine Einführung und ein Überblick. — Hdb. d. Mikroskopie in der Technik, Bd. II, Teil 2, 1954.
— Die Erzmineralien und ihre Verwachsungen. — Berlin 1950.
REHWALD, G.: Die Anwendung erzmikroskopischer Untersuchungsmethoden bei der Aufbereitung der Edelmetalle und der Nicht-Eisen-Metallerze. — Hdb. d. Mikroskopie in der Technik, Bd. II, Teil 2, 1954.
— Mikroskopische Untersuchungsmethoden in der Erzaufbereitung. — Erzmetall, Bd. VIII, Beiheft 1955.
STILLWELL, F. L. & A. B. EDWARDS: The mineragraphic investigation of mill product of lead zinc ores. — J. Council Sci. u. Ind. Research, **16** (1942).

Zur Untersuchung von Anschliffen mit Hilfe des Stereomikroskops SM XX „Citoplast"

GERHARD TISCHENDORF, HEINZ CLAUSNITZER, Berlin, & LUDWIG BAUMANN, Freiberg (Sa.)

Das vom VEB Carl Zeiss Jena entwickelte und hergestellte Stereomikroskop SM XX „Citoplast" ist ein allseitig einsetzbares optisches Gerät und wird auf Grund seiner vielen Vorzüge (großer Arbeitsabstand, guter stereoskopischer Effekt, schnell auswechselbare Vergrößerungen) besonders von Mineralogen und Geologen außerordentlich geschätzt. Das SM XX ist bereits seit langem zu einem festen Bestandteil des für Gesteins- und Erzuntersuchungen notwendigen Instrumentariums der Mineralogen und Geologen geworden. Wie gern mit dem Stereomikroskop gearbeitet wird, zeigt u. a. die Tatsache, daß die Benutzer in zahlreichen Fällen Verbesserungen aller Art vorschlagen, um die mikroskopischen Arbeiten mit seiner Hilfe noch rationeller zu gestalten und um noch eingehendere und vielseitigere Untersuchungen an geologischen Objekten anstellen zu können. Im Verlaufe des Jahres 1960 sind allein drei Verbesserungsvorschläge dieser Art publiziert worden (K. DIEBEL & J. HELMS, W. SCHWARZENHOLZ und E. TRÜMPER).

Bei der Untersuchung von Gesteinen und Erzen, speziell bei der Diagnose von Erzmineralien und Gangarten und der Bestimmung ihrer strukturellen und texturellen Merkmale im Anschliff, erweist sich als Mangel, wenn im Anschluß an eine makroskopische Durchmusterung des Materials und Betrachtung mit der Lupe nicht die Möglichkeit besteht, eine Untersuchung im Vergrößerungsbereich von 10- bis 40fach durchzuführen. Zwischen der gebräuchlichen Lupenvergrößerung (10fach) und der geringsten Vergrößerung eines normalen Erzmikroskops (etwa 30- bis 40fach) besteht eine „optische" Lücke, die besonders derjenige Lagerstättenkundler als schmerzlich empfindet, der den Zusammenhang zwischen Stoßaufnahme unter Tage, Diagnose im Handstück und Beurteilung im Anschliff nicht aus dem Auge verlieren will. Jeder Erzmikroskopiker hat schon die Erfahrung gemacht, daß er sich gelegentlich in seinem Anschliff unter dem Erzmikroskop nicht „zurechtfindet", daß er bei Vorliegen einer komplexen Paragenesis mit mehreren Erzmineralgenerationen nicht genau feststellen kann — auch bei Verwendung der geringsten Vergrößerung —, welche Generationsfolge im betreffenden Anschliffbereich vorliegt. Dem Untersuchenden fehlt in vielen Fällen das Verbindungsstück zwischen makroskopischer und mikroskopischer Untersuchung! Das SM XX ist geradezu dafür prädestiniert, diesen Mangel zu beheben.

Bei der Beurteilung eines Anschliffs unter Benutzung des normal ausgerüsteten Stereomikroskops SM XX mit schräg auffallender Beleuchtung erhält man optische Effekte, die den Effekten im Auflichtdunkelfeld, z. B. des Auflichtmikroskops „Epignost" vom VEB Carl Zeiss Jena, gleichen. Diese Methode, Anschliffe mit schräg auffallender Beleuchtung zu untersuchen, ist zwar vorteilhaft, läßt aber noch Wünsche offen. Bei komplizierten lagerstättengenetischen Untersuchungen in den Jahren 1956 bis 1957 im Institut für Mineralogie und Lagerstättenlehre an der Bergakademie Freiberg kam den Verfassern der Gedanke, eine Vorrichtung zu schaffen, die mit Hilfe des Stereomikroskops SM XX eine Anschliffbetrachtung auch im Auflichthellfeld gestattet. Dies läßt sich relativ leicht erreichen!

Bei Verzicht auf den binokularen Einblick und demzufolge auf stereoskopische Bildwirkung (die bei Untersuchung von plangeschliffenem Material ohnehin bedeutungslos ist) ist durch Befestigung einer zweiten Mikroskopierleuchte auf einem Okularstutzen des Gerätes eine Anschliffuntersuchung im Auflichthellfeld ohne weiteres möglich. Das optische System des SM XX führt den Lichtstrahl der auf das Okular montierten Leuchte unter einem von 90° gering abweichenden Winkel auf das plangeschliffene Objekt. Von dort wird er unter gleichem Winkel reflektiert und durch das optische System in das Beobachtungsokular geleitet. Hier erhält man die vom Auflicht mit Hilfe eines Erzmikroskops her gewohnten optischen Effekte der einzelnen Erzmineralien und Gangarten. Läßt man die normale Mikroskopierleuchte wie gewohnt am Führungsbügel, so hat man den von uns sehr geschätzten Vorteil, je nach Ein- oder Ausschalten der am Okular angebrachten Leuchte das Objekt im Hellfeld oder im Dunkelfeld monokular beobachten zu können. Das ist für eine Übersichtsdiagnose der Verwachsungsverhältnisse von Erz- und Gangarten, speziell bei Vorhandensein mehrerer Gangartengenerationen (Quarz, Karbonaten, Baryt, Fluorit) äußerst vorteilhaft.

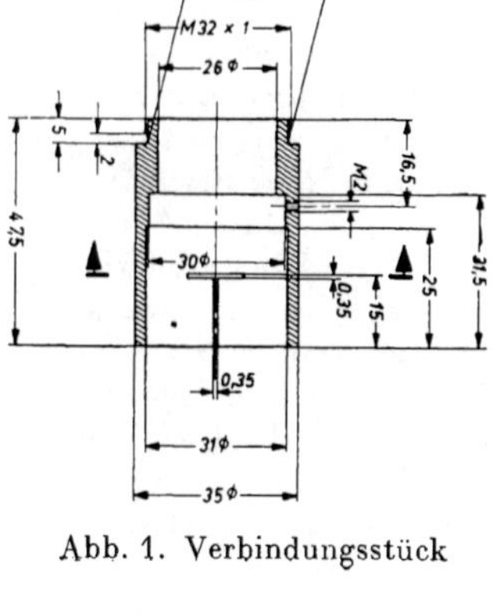

Abb. 1. Verbindungsstück

Für das mit der Leuchte kombinierte Okular wird stets das Okular 6,3fach verwendet. Der Untersuchende kann für sein Beobachtungsokular je nach gewünschter Vergrößerung Okular 6,3fach oder 25fach anwenden. Von den insgesamt möglichen Vergrößerungskombinationen mit der Schnellwechseleinrichtung eignen sich bis auf die Vergrößerung 6,3 × 0,63 und 6,3 × 1 alle zur Untersuchung im Hell- und Dunkelfeld. Bei den ausgenommenen Vergrößerungskombinationen ist das Gesichtsfeld nicht restlos ausgeleuchtet.

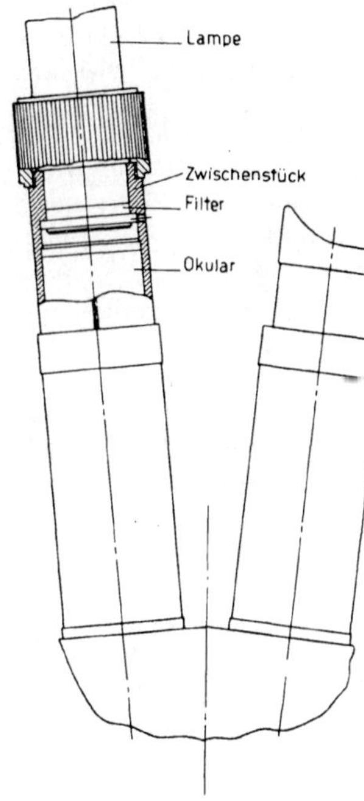

Abb. 2. Anordnung des Okularteils am SM XX

Um mit Hellfeldbeleuchtung am SM XX ein gutes Arbeiten zu gewährleisten, wurde von den Verf. ein in jeder feinmechanischen Werkstatt ohne Schwierigkeiten herzustellendes Verbindungsstück (Abb. 1) angefertigt, das an die Okularleuchte angeschraubt und auf das Okular selbst aufgesteckt werden. kann. Dabei ist es notwendig, den oberen 2,5 mm langen Okularansatz bis auf den normalen Okulardurchmesser abzudrehen, damit eine einwandfreie Halterung erreicht wird. In das Zwischenstück muß in normaler Entfernung von der Lichtquelle das gebräuchliche Blaufilter eingesetzt werden; mittels einer Schraube wird eine Arretierung vorgenommen. Die Anordnung des gesamten Okularteils am SM XX ergibt sich sodann, wie auf Abb. 2 dargestellt.

Um mit dem SM XX kombiniert im Hell- und Dunkelfeld arbeiten zu können, ist — wie beschrieben — eine zweite Beleuchtungseinrichtung erforderlich. In größeren Instituten, die mehrere Stereomikroskope besitzen, wird diese zweite Beleuchtungseinrichtung vorübergehend aus einem anderen Gerät entnommen werden können. Ansonsten macht sich neben der Anfertigung des Verbindungsstücks noch die Anschaffung einer zweiten Beleuchtungseinrichtung notwendig.

Es soll nicht unerwähnt bleiben, daß neben den bereits skizzierten Vorteilen bei der Beurteilung von komplexen Erzparagenesen die beschriebene Anordnung vor allem auch bei der Probenahme zur spektralanalytischen oder mikrochemischen Bestimmung von Spurenelementgehalten in Erzmineralien und bei der Gewinnung von Materialien zur röntgenographischen Identifizierung fragwürdiger, in kleinen und kleinsten Mengen auftretender Mineralien außerordentlich wertvolle Hilfe leistet.

Von der feinmechanischen Werkstatt des Instituts für Mineralogie und Lagerstättenlehre an der Bergakademie Freiberg wurden in den vergangenen Jahren nach Anforderung bereits etwa 20 Verbindungsstücke hergestellt. Nach übereinstimmender Meinung wird die beschriebene Untersuchungsmethode von den Benutzern geschätzt.

Literatur

DIEBEL, K. & J. HELMS: Eine Einrichtung zum Zeichnen von Mikrofossilien (Stereomikroskop SM XX vom VEB Carl Zeiss Jena und MEOPTA-Zeichenspiegel). — Geologie, 9, 102—104 (1960).

SCHWARZENHOLZ, W.: Mitteilung über eine einfache Polarisationsvorrichtung für das Stereomikroskop SM XX. — Z. angew. Geol., 6, 625—626 (1960).

TRÜMPER, E.: Eine einfache Vorrichtung zum Winkelmessen unter dem Binokular-Mikroskop SM XX. — Z. angew. Geol., 6, 460—461 (1960).

Zur Probenahme an Kalisalzbohrkernen

GÜNTHER WALGER, Erfurt

Allgemeines zur Kalikerngewinnung

Obwohl auf dem Gebiet der Tiefbohrtechnik in letzter Zeit bedeutende Fortschritte erzielt werden konnten, ist der Erhaltungszustand der Bohrkerne in Kaliflözen mitunter noch unbefriedigend. Daher werden auch beim geforderten Mindestkerngewinn gewisse Konzessionen gemacht und von der Bohrtechnik bei Hartsalzausbildung ein Kerngewinn von 90%, bei Trümmercarnallitausbildung nur ein Kerngewinn von 60% verlangt.

Durch die leichte Löslichkeit der Kalisalze, insbesondere bei carnallitischer Ausbildung, wirken sich geringe Sättigungsunterschiede der Spüllauge, die von Zuflüssen im Bohrloch, Ausfällungen, Veränderungen des Spülungsumlaufs usw. verursacht sein können, ganz wesentlich auf den Erhaltungszustand des Bohrkerns aus. Äußerst nachteilig für den Kerngewinn sind auch Anteile leicht zerfließlicher Salzminerale, wie Bischofit und Tachhydrit, und auch tonige Einschaltungen.

Die gleichmäßige Verteilung des K-40-Isotops in den Kalimineralien kann nun dazu dienen, radiometrische Bohrlochvermessungen des Kalilagerhorizonts durchzuführen, um unvollständigen Kerngewinn oder totalen Kernverlust festzustellen und das Profil zu ergänzen. Diese Methode gewinnt besondere Bedeutung für die Komplexerkundung. Bei einer speziellen Erkundung der Kalisalzlagerstätten wird aber nicht auf das Kernen verzichtet werden können, weil allein mit der Ermittlung des K_2O-Gehaltes, der Mächtigkeit des Hartsalzes oder Carnallits keine systematische wissenschaftliche Erkundung möglich ist. Auch kann ohne Kerngewinn keine Aussage über die mineralogische Zusammensetzung, den Anteil sulfatischer Salze und über die Verwachsungsverhältnisse gemacht werden.

Behandlung der Kalikerne

Da die Kernbohrungen einen erheblichen Kostenaufwand erfordern, muß eine sorgfältige Probenahme, Aufbewahrung und Untersuchung des Kalikernes gewährleistet sein.

Bisherige Probenahme

Die allgemein übliche Behandlung der Kalikerne bestand darin, daß nach erfolgter stratigraphischer Aufnahme des Kalikernes Probegut für die chemische Analyse genommen wurde und damit die Untersuchung am Kern abgeschlossen war, der dann, je nach der Art der Probenahme mehr oder weniger erhalten, verworfen wurde.

Ermittlungen ergaben, daß drei verschiedene Probenahmeverfahren angewandt wurden:

1. Die Probenahme durch vollständige Zerkleinerung des Bohrkerns.

Hierbei wurde der Bohrkern in Kernabschnitte unterteilt und diese jeweils für eine Probe vollständig zerkleinert. Das Zerkleinerungsgut (Mahlgut) wurde durchmischt und durch Teilung auf die für die chemische Analyse erforderliche Menge reduziert.

Der Nachteil dieser Methode besteht darin, daß durch die Vernichtung des Bohrkerns weitere Untersuchungen am Kern nicht mehr möglich sind. Außerdem wird bei den meisten angelaugten und äußerlich beschädigten Kernen das ursprüngliche Verhältnis K_2O-Gehalt zu Steinsalz und tonig-anhydritischen Bestandteilen verfälscht, da das durch Anlaugung gewichtsmäßig reduzierte hochprozentige Salz mit dem gegen Löslichkeit beständigeren vermischt wurde.

2. Die Probenahme durch Schlitzhacken.

Hierbei wurde ähnlich der unter Tage üblichen Bemusterung der Strecken- und Abbaustöße durch Schlitzhacken in Längsrichtung des Kernes Probegut gewonnen, wobei der Kern ebenfalls in Probeabschnitte unterteilt wird.

Diese Methode ist darum unzureichend, weil auch hier durch die äußerliche Anlaugung des Kernes das Kalisalz mehr oder weniger stark weggelaugt und dadurch anteilmäßig im Probegut reduziert ist. Der tatsächliche Anteil des Kalisalzes an der Kernzusammensetzung wird also unterbewertet. Ferner garantiert die manuelle Schlitzprobe (Hackprobe) keine gleichmäßige Probenahme.

3. Die Probenahme durch Entnahme von Stückproben in gleichmäßigen Abständen am Bohrkern.

Dieses Verfahren ist für die Probenahme ungeeignet, da die wechselhafte vertikale Mineralführung überhaupt nicht vollständig erfaßt werden kann.

Probenahme nach dem Prinzip des „Kerndurchbohrens“

Die für eine wissenschaftliche Lagerstättenerkundung erforderliche Untersuchung der Kalikerne verlangt eine exakte und zweckmäßige Probenahme, die folgende Forderungen erfüllen muß:

1. Gewinnung des Probegutes aus frischem, unverwittertem Salzgestein;

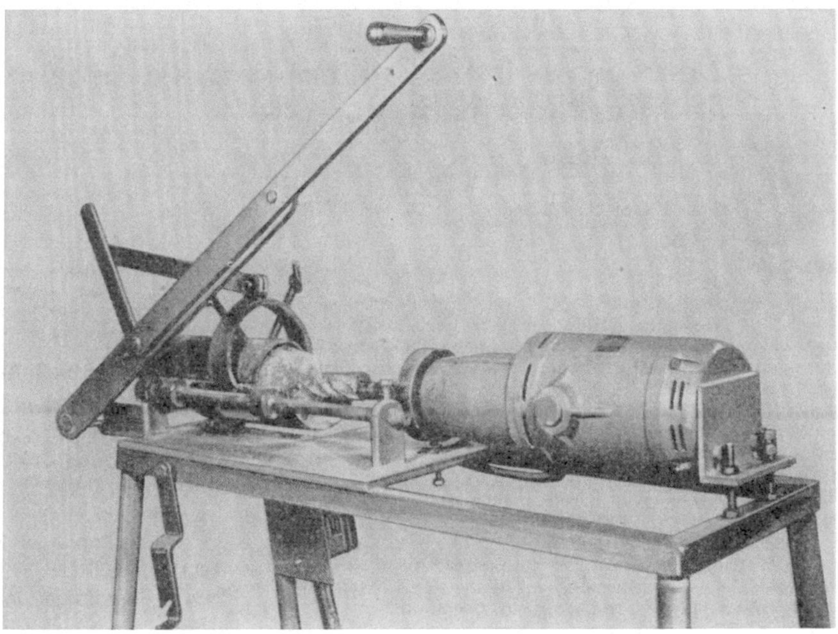

Kernprobenahmegerät in der Zentralen Forschungsstelle für die Kaliindustrie in Sondershausen

Schema der Probenahmetabelle

Bohrung . . . . .

Kern-marsch	Kern-gewinn	Kern-verlust	Zeichn. Darstellg. der Probeabschn.	Probe Nr.	Länge der Probe	Teufe der Probe	Petrogr. Bezeichnung

2. gleichmäßige Entnahme des Probegutes über die gesamte Kernlänge;
3. Erhaltung des Kernes für spätere, gegenwärtig nicht durchführbare, speziellere Untersuchungen bzw. für nachfolgende, sich aus dem Befund der chemischen Analyse ergebende Untersuchungen;
4. ein technisch leistungsfähiges und zuverlässiges Verfahren.

Nach einer Funktionsskizze des Verf. wurde nun im VEB Kaliwerk Volkenroda ein Probenahmegerät angefertigt, das nach dem Prinzip des Kerndurchbohrens arbeitet und die bereits genannten Forderungen erfüllt. Dieses Gerät wurde auch von anderen Werken nachgebaut und dieses Probenahmeverfahren zunächst für den Bereich der VVB Kali als verbindlich erklärt. Die Abbildung zeigt das in der Zentralen Forschungsstelle für die Kaliindustrie in Sondershausen aufgestellte und technisch etwas verbesserte Kernprobenahmegerät.

Beschreibung des Probenahmegeräts (s. Abb.)

Das Gerät besteht aus einer Elektro-Handbohrmaschine (Gruben-Handbohrmaschine DIN A 0), die in horizontaler Bohrrichtung auf einer U-Schiene starr befestigt ist. Gegenüber der Bohrmaschine ist in Bohrrichtung ein Bohrschlitten mit einer Einklemmvorrichtung zum Einspannen des Kernes angebracht. Der Schlitten liegt in einem Gleitbett und läßt sich mit Hilfe eines Seilzuges durch ein Gewicht oder eine Hebelvorrichtung gegen den Bohrer bewegen. Um das Bohrmehl für kristalloptische Untersuchungen in entsprechender Korngröße zu halten, ist die Spitze des Bohrers eingekerbt, ähnlich den Bohrkronen der Hauerdrehbohrmaschinen unter Tage. Das Bohrgut wird in den am Bohrschlitten angebrachten Schalen aufgefangen.

Die Probenahme

Die feinstratigraphische Aufnahme, der makroskopische Befund der Mineralverteilung und die bereits vorliegende Kernzerstücklung sind für die Unterteilung des Kernes in Probeabschnitte ausschlaggebend. Die Länge der Probeabschnitte sollte 50 cm nicht überschreiten. Um Verwechslungen der Proben sowie Meßungenauigkeiten zu vermeiden, sollte vor Beginn der Probenahme eine Probenahmetabelle (s. Muster) angefertigt werden. In diese Tabelle wird die Unterteilung des Kernes in Probeabschnitte eingetragen. Durch die Tabelle kann die Probenahme kontrolliert werden und erleichtert nach Vorliegen der Analysenergebnisse die Ermittlung der Durchschnittsgehalte. Der Kern wird nach der Probenahme ausreichend gekennzeichnet und übersichtlich geordnet in zentralen Bohrkernarchiven unter Tage aufbewahrt und steht so weiteren Untersuchungen und Spezialbearbeitungen zur Verfügung.

Literatur

LÖFFLER, J.: Beitrag zur Probenahme im Salzbergbau. — Z. angew. Geol. 2, S. 258–264 (1956).

Arbeitsanleitung der VVB Kali für die Beaufsichtigung der Bohrerkundungsarbeiten, die Bearbeitung und Dokumentation der Bohrergebnisse und die Abfassung des Ergebnisberichtes der in Regie der VVB Kali durchgeführten geologischen Erkundungsbohrungen. — Erfurt, Mai 1960.

Vorläufige Arbeitsanweisung zur Kernentnahme und Kernbehandlung bei geologischen Erkundungsbohrungen. — Z. angew. Geol., 2, S. 556–558 (1956).

Vorläufige Arbeitsanweisung zur Felddokumentation geologischer Erkundungsarbeiten. — Z. angew. Geol., 2, S. 558–564 (1956).

Neue geologische Ergebnisse aus dem Hinterland des Muskauer Faltenbogens

(Vorläufige Mitteilung)

HORST RADTKE, Berlin

Einleitung

Während die Aufpressungs- und Aufschüttungsendmoräne des Muskauer Faltenbogens in der Literatur oft beschrieben wurde (CRAMER 1928, POTONIÉ 1930, ISSEL 1935, u. a.), sind die Angaben über die Geologie des vom Faltenbogen hufeisenförmig umschlossenen Hinterlandes gering, über den tieferen Untergrund fehlen sie völlig. Die durch die geologische Kartierung der damaligen Preußischen Geologischen Landesanstalt im Jahre 1928 gewonnenen Erkenntnisse wurden in den Erläuterungen zu den Blättern Döbern (4353) und Triebel (jetzt Groß Bademeusel, 4354) durch CRAMER niedergelegt. BERGMANN (1955) gibt in seiner Karte des „subdiluvialen Reliefs" südlich Forst zwei Bohrungen an, in denen das Pleistozän Mächtigkeiten von 65 m bzw. 83 m erreicht, eine Bohrung westlich Forst hatte bei −29 m NN das Pleistozän noch nicht durchteuft.

Im Rahmen eines größeren Erkundungsprogramms des Zentralen Geologischen Dienstes und des Geologischen Dienstes Mitte wurden im Jahre 1959 im Hinterland des Muskauer Faltenbogens mehrere Spülkernbohrungen bis ins prätertiäre Gebirge niedergebracht, deren Ergebnisse eine altpleistozäne Ausräumungszone mit beckenartigem Charakter nachwiesen.

Lage, Form und Definition des Bahrener Beckens

Das Bahrener Becken (Abb. 1) ist eine durch fließende Wässer entstandene trogförmige Ausräumungszone. Inwieweit, bedingt durch Zuflüsse, rinnenförmige Vertiefungen den Beckenboden durchziehen, kann infolge des weitmaschigen Bohrnetzes nicht gesagt werden. Der bisherige Stand der Kenntnisse läßt den Abfluß unmittelbar östlich der Neiße vermuten.

Zum Teil wurden das gesamte Miozän und — im Zentralteil — größtenteils die Sedimente des Oberoligozäns ausgeräumt. Zeitlich kann die Ausräumung mit der Bildung der Niederlausitzer Auswaschungs-

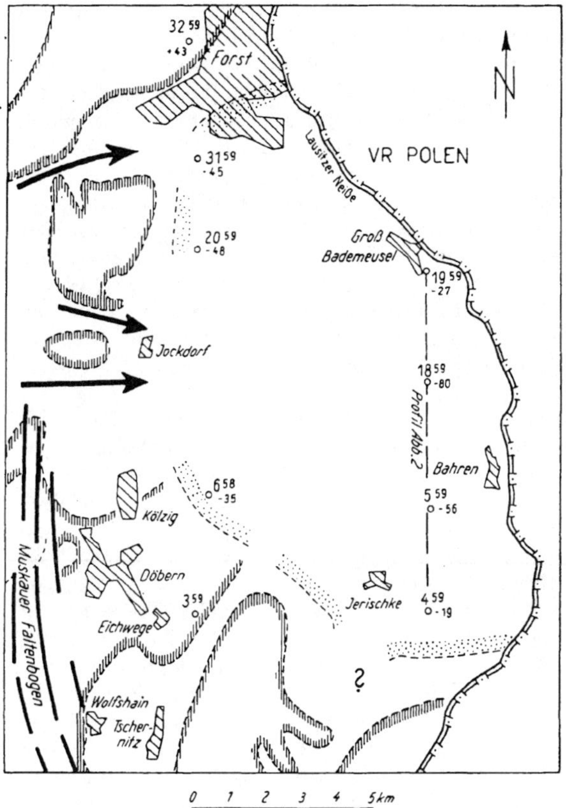

Abb. 1. Das Bahrener Becken

1 — wahrscheinlicher Beckenrand, die Pleistozänbasis liegt im Niveau der NN-Linie; 2 — oberflächennahes Tertiär, mehr oder weniger glazigen gestaucht (mit Ausnahme des Vorkommens bei Forst); 3 — Zuflüsse zum Becken (Auswaschungsrinnen), Zuflüsse aus Süden wurden bisher nur vermutet; 4 — Verlauf der Gieser und Rücken des Muskauer Faltenbogens (schematisiert); 5 — Bohrungen, die Zahlen geben die Nr. der Bohrung, Jahr und Tiefe der Pleistozänbasis an

rinnen in Zusammenhang gebracht werden, die KEILHACK (1938) in die Elster-(Mindel-)Eiszeit setzt. Für die altpleistozänen Ausräumungszonen im Raum Fürstenberg (Oder)—Beeskow—Wilhelm-Pieck-Stadt Guben halten HANNEMANN & RADTKE (1960) günzzeitliches Alter für möglich.

Die flächenhafte Ausbreitung des Bahrener Beckens zeigt die Form einer Ellipse, deren längere Achse NW—SE streicht. Auf dem Territorium der Deutschen Demokratischen Republik liegt die Beckenbegrenzung im Norden südlich von Forst, im Westen westlich der Linie Groß Schacksdorf—Preschen, um südlich von Jerischke in die W—E-Richtung zur Neiße hin umzubiegen. Auf dem Territorium der Volksrepublik Polen liegt die Ostbegrenzung des Beckens wahrscheinlich nur in geringer Entfernung vom rechten Ufer der Lausitzer Neiße, da bei Trzebiel (Triebel) in der ehemaligen Grube „Viktor" Braunkohlenbergbau umging.

Sedimentation und Lagerungsverhältnisse im Bahrener Becken

Die Basis des Pleistozäns reicht an der bisher bekannten tiefsten Stelle zwischen Bahren und Raden bis zur Tiefe von 178 m (= —80 m NN, Bohrung 18/59). Die bisher bekannte größte Mächtigkeit der Pleistozänablagerungen fällt nicht mit der bisher bekannten tiefsten Lage der Tertiärbasis (Bohrung 5/59 bei —121 m NN) zusammen (Abb. 2). Nach der Ausräumung durch periglaziäre Wässer erreichte der erste Gletschervorstoß das Becken und drang in dieses ein. Die Grundmoräne dieses Gletschers (2 m mächtiger, stark feinsandiger Geschiebemergel dm_1) wurde in der Bohrung 19/59 erbohrt. Die liegende, ursprünglich horizontal lagernde tertiäre Serie wurde hier bis zu 45° aufgerichtet. In den übrigen Bohrungen wurden — durch Erosionsdiskordanz von den liegenden tertiären Schichten getrennt — geringmächtige Sande erbohrt.

Der im Hangenden folgende untere Bändertonhorizont (db_1) wurde im Nord—Süd-Profil (Profillänge 9 km) in Mächtigkeiten bis zu 54 m erbohrt (Bohrung 5/59). Dieser Horizont setzt sich in unregelmäßiger Folge aus Bänderschluffen und -tonen zusammen. Papier- und Millimeterwarven treten zwar in zusammenhängenden Partien auf, doch fehlen sie oftmals. Warvenfreie Horizonte zeigen eine ausgesprochen tonige Ausbildung, in denen der sonst mehr oder weniger vorhandene Kalkgehalt fehlen kann. Andererseits treten in schluffigen Partien bis zu 10 cm mächtige Feinsandwarven auf. Am westlichen Beckenrand fehlt der untere Bändertonhorizont.

Die Beckensedimentation wurde durch das erneute Vorrücken des Gletschers unterbrochen, dessen Grundmoräne (dm_2) unmittelbar über der Beckenserie angetroffen wurde und im Profil (Abb. 2) dargestellt wird. Die Moränenablagerungen sind im Beckenzentrum stets zweigeteilt erbohrt worden. Die hangende Bank weist in der Bohrung 18/59 eine Mächtigkeit von 11 m auf, die liegende Bank ist weniger mächtig.

Die Geschiebeführung dieser Grundmoräne ist unterschiedlich. Neben nordischen Komponenten (Feuerstein, roter Ostseeporphyr) treten an Lokalgeschieben häufig schwarzbraune, tertiäre Schluffe und Braunkohlenbrocken, seltener pleistozäne Bänderschluffe und -tone auf. Im Beckeninneren treten die Lokalgeschiebe zahlenmäßig zurück. Auf tertiäre Sande, die linsenförmig im Geschiebemergel eingeschlossen sind,

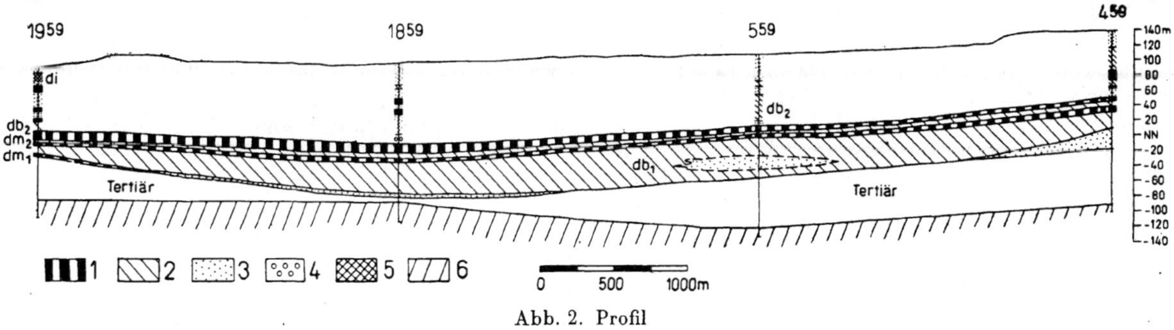

Abb. 2. Profil

1 — Geschiebemergel, 2 — Bänderton und -schluff, 3 — Sand, 4 — Kies, 5 — Interglazialablagerungen, 6 — Prätertiär

weist ein hoher Glimmergehalt hin. Moränenablagerungen mit überwiegend tertiärem Material sind kalkfrei. Der zwischen der liegenden und hangenden Geschiebemergelbank erbohrte, bis zu 7 m mächtige Bänderschluff weist naturgemäß eine gestauchte Lagerung auf.

Nach dem Rückzug des Gletschers setzte die Beckensedimentation erneut ein. Die Ablagerungen (Bänderschluffe und -tone, db_2) erreichen im Norden (Bohrung 19/59) Mächtigkeiten von 12 m, im Zentrum bei Bahren (Bohrung 5/59) solche bis zu 35 m. Im südlichen Beckenteil verzahnt die Beckenserie mit Geschiebemergel. Bei Klein Bademeusel (Bohrung 18/59) ist die zweite Beckenserie erodiert. Über dem Geschiebemergel dm_2 lagern hier mehrere Meter mächtige glaziofluviatile Kiese, die in Richtung zum Hangenden über Grob- in Feinsande übergehen.

Die über größere Entfernung zu verfolgende Sedimentation der zweiten Beckenserie wird durch erneute Gletschervorstöße unterbrochen. Einige lokal erbohrte Geschiebemergelhorizonte (Bohrungen 19/59, 4/59) mit zwischenlagernden Sanden und Bänderschluffen zeugen von mehreren Oszillationen des Gletschers. Die höheren Geschiebemergel unterscheiden sich von den unteren vor allem durch das Zurücktreten von Lokalgeschieben miozänen Alters, während pleistozäne Bänderschluffe und -tone weiterhin linsenförmig im Geschiebemergel eingeschlossen sind.

Die Kulmination der Beckensedimentation trat bei Jerischke auf (Bohrung 4/59). Hier wurden 28 m mächtige Bänderschluffe erbohrt, die von der Endmoräne von Jerischke—Raden (Cramer 1928) überlagert werden.

Interglazialablagerungen

Interglazialablagerungen unbestimmten Alters sind im Untersuchungsgebiet durch Cramer (1928) aus der Nähe von Jocksdorf (Kreis Forst) beschrieben worden, bei Groß Bademeusel (Bohrung 19/59) wurde unter 8 m mächtigen Sanden der dortigen Hochflächeninsel 2 m mächtiger Torf erbohrt. Im Liegenden des Torfes folgen mehrere Meter mächtige kalkhaltige Schluffe und Sande mit Schalenresten sowie Kalkgyttja. Die Untersuchungsergebnisse dieses neuen Vorkommens stehen noch aus.

Beziehungen zwischen dem Bahrener Becken und den glazigenen Stauchungen in dessen näherer Umgebung

Bei der Beschreibung glazigen gestauchter Gebiete befassen sich verschiedene Autoren mit den Ursachen der Lagerungsstörungen. Abgesehen von Diskussionen über die tektonischen Ursachen der gestörten Lagerungsverhältnisse (z. B. Priemel 1907), wird wiederholt die Frage der Rolle des Bodenreliefs als Ansatzpunkt für die durch einen Gletscher hervorgerufenen Stauchungen aufgeworfen (z. B. Fries 1933, Gripp 1929, Roethe 1932).

Es bleibt nun zu untersuchen, inwieweit in der Umgebung des Muskauer Faltenbogens ein früh- bis intraglaziales Bodenrelief vorhanden war bzw. geschaffen wurde. Zwischen der Sorauer Stauchmoräne und dem Muskauer Faltenbogen lagern nach Weber (1928) die Braunkohlenflöze über größere Flächen fast horizontal. Westlich des Faltenbogens weist der 2. Lausitzer Flözhorizont im Bereich der Ortschaften Hornow—Bagenz—Komptendorf fast söhlige Lagerung auf; glazigene Störungen sind hier sehr selten. Beide Gebiete werden von mehreren Auswaschungsrinnen durchzogen. Ähnliche Verhältnisse gelten für den Raum westlich und nördlich Forst. Eine größere flächenhafte Vertiefung lag nur im Bereich des Bahrener Beckens vor. Der Höhenunterschied zwischen der Pleistozänbasis (bei Forst sowie bei Hornow—Bagenz—Komptendorf zwischen + 40 bis + 50 m NN gelegen) und dem Beckentiefsten beträgt 125 m. Die primären Lagerungsverhältnisse des Tertiärs im Bereich des Muskauer Faltenbogens sowie dessen Hinterland und der genannten Nachbargebiete waren auf Grund der herrschenden paläogeographischen Bedingungen einheitlich.

Aus der Literatur sind Angaben über die Teufen, in denen die Stauchungen des Muskauer Faltenbogens ausklingen, zu entnehmen. Nach Issel (1935) wurden in der Umgebung der Stadt Muskau bis in eine Teufe von 160 m die einzelnen Schichten gestaucht. Auf Grund topographischer Vergleiche (der genaue Standort der Bohrung ist nicht mehr feststellbar) ergibt sich eine absolute Teufe, die etwa der NN-Linie entspricht. Illner (1929) und Potonié (1930) haben festgestellt, daß im Bereich der ehemaligen Tschöppelner Werke bei + 10 m NN die unterste durchbewegte Schicht über größere Strecken hinweg fast horizontal liegt. In der Bohrung 3/59 wurde in der Teufe von 180 m (— 47 m NN) noch gestauchtes Tertiär angetroffen. Die glazigen gestauchten Schichten reichen in der Bohrung 2/59 (am Fuße des Brandberges zwischen Reuthen und Friedrichshain) mindestens bis zur Teufe von 175 m (— 22 m NN). In den beiden letztgenannten Bohrungen konnte in den im Liegenden der gestörten tonig-schluffigen Serie erbohrten Sanden das Ausklingen der Stauchungen nicht festgestellt werden. Bei Gosda II, Kreis Forst, (Bohrung 6/59) reicht das pleistozäne Gebirge bis —35 m NN hinab, Geschiebemergel wurde hier zwischen — 5 m und — 13 m NN angetroffen.

Der erste vorrückende Gletscher, dessen Grundmoräne dm_1 über Tertiär bei Groß Bademeusel (Bohrung 19/59) bei — 25 m bis — 27 m NN erbohrt wurde, fand gegenüber der jetzigen Tertiäroberkante bei Forst im nördlichen Beckenteil einen Höhenunterschied von 73 m vor. Der nach dem Rückzug dieses Gletschers abgelagerte untere Bändertonhorizont db_1 sowie die in dessen Liegendem auftretenden Bändersande füllten das Becken im Zentralteil bis zur Höhe von — 32 m NN (Bohrung 18/59) auf, bei Bahren wurde die NN-Linie erreicht, im Süden diese geringfügig überschritten.

Der nun vorstoßende Gletscher, der den Beckenrand mit seiner Liegendkante ungefähr im Niveau der NN-Linie erreichte und hier Stauchungen hervorrief, traf gegenüber der in primärer Lagerung befindlichen Schichtenfolge bei Forst im Becken immer noch einen Niveauunterschied von 50 bis 60 m an. Besonders bei Gosda II (Bohrung 6/59) enthält der untere Geschiebemergel einen hohen Anteil Tertiärmaterial. Für zwei kräftige Vorstöße sprechen die geteilten, recht mächtigen Moränenablagerungen (dm_2) im Beckeninneren.

In der ungestörten Schichtenfolge lagern im Niveau der NN-Linie recht mächtige Tone und tonige Schluffe, die einen Gleithorizont darstellen und beim Vorrücken des Gletschers „dank ihrer Plastizität in Zonen verringerten Drucks abwandern könnten“ (F. Issel 1935,

S. 552), wodurch die Stauchungen und Aufpressungen zweifellos begünstigt wurden. ISSEL deutet die genannte Teufe der glazigen gestauchten Schichten im Bereich des Muskauer Faltenbogens durch Bodengefrornis. Bis zu welcher Entfernung vom Beckenrand sich die durch diesen Gletschervorstoß hervorgerufenen Störungen fortsetzen, ist mangels geeigneter Aufschlüsse nicht feststellbar.

Die nach erneuter Beckensedimentation mehrmals erfolgten und zeitlich bisher nicht sicher zu gliedernden Gletschervorstöße fanden in dem noch nicht bis auf das Niveau des ungestörten Tertiärs mit Sedimenten erfüllten Beckens noch ein Relief vor und erzeugten neue Lagerungsstörungen bzw. überarbeiteten die älteren. Nach VIETE (1960) könnten die tiefgründig gefrorenen Schichten der Trebendorfer Hochfläche das Vordringen des Muskauer Gletschers behindert haben, wodurch die Möglichkeit der Entwicklung einer Eisrandlage geschaffen wurde, die Anlaß zur Entstehung des Muskauer Faltenbogens gab.

Zusammenfassung

Nach einem Überblick über die bisherigen geologischen Kenntnisse des vom Muskauer Faltenbogen umschlossenen Hinterlandes wird das pleistozäne Staubecken von Bahren mit seinen Sedimenten beschrieben. Das Pleistozän erreicht im Beckenzentrum Mächtigkeiten von 178 m (Pleistozänbasis bei −80 m NN). An Hand von Angaben über die Tiefe der glazigen gestörten Lagerungsverhältnisse im Bereich des Muskauer Faltenbogens wird im Zusammenhang mit dem Bodenrelief des Bahrener Beckens die mögliche Ursache für die stauchende Wirkung in diesem Raum besprochen.

Резюме

После обзора нынешних геологических данных района внутри Мускауской складчатой дуги рассматривается плейстоценовый бассейн накопления Барен с его осадками. В центре бассейна наблюдаются мощности плейстоцена в 178 м (основание плейстоцена залегает 80 м под уровнем моря). Используя данные о глубине гляциально нарушенных условий залегания в районе Мускауской складчатой дуги, в связи с данным рельефом Баренского бассейна обсуждается возможная причина накапливающего действия в этом районе.

Summary

After surveying the actual geological knowledge of the hinterland surrounded by the Muskau fold arc, a description is given of the Pleistocene Bahren push basin with its sediments. In the centre of the basin the Pleistocene attains thicknesses of 178 m (Pleistocene base at 80 m below sea-level). The possible cause for the pushing effect in the area of the Muskau fold arc is based on informations about the depth of the glacigeneously disturbed mutual relations, in connection with the relief of the Bahren basin.

Literatur

BERGMANN, E.: Über den tieferen Untergrund Brandenburgs. – „Die Erde", Z. Ges. Erdkunde Berlin, H. 1, 1955.
CRAMER, R.: Erl. z. geol. Karte, Lieferung 266, Bl. Triebel, 4354 und Döbern, 4353. – Berlin 1928.
FRIES, W.: Tertiär und Diluvium im Grünberger Höhenrücken. Ein Beitrag zur Klärung der Dislokationen im ostdeutschen Braunkohlentertiär. – Jb. Hall. Verb., Bd. 12, Halle 1933.
GRIPP, K.: Glazialmorphologische und geologische Ergebnisse der Hamburger Spitzbergenexkursion 1927. – Abh. naturw. Ver. Hamburg, Bd. 22, Hamburg 1929.
HANNEMANN, M. & H. RADTKE: Frühglaziale Ausräumungszonen in Südostbrandenburg. – Z. angew. Geol., Bd. 7, H. 2, Berlin 1961.
HERBST, G.: Der Muskauer Faltenbogen in seiner Entstehung und seinem Aufbau, insbesondere im Hinblick auf die in ihm vorhandenen Braunkohlenablagerungen. – Unveröff. Diplomarbeit, Bergakademie Freiberg, 1953.
ILLNER, F.: Neue Aufschlüsse in den Feldern der Braunkohlengruben „Kons. Emma" bei Nettschütz und „Kons. Mathilde-Grube" bei Neustädtel im Kreise Freistatt. – Niederschl. Abh. Naturf. Ges. Görlitz, Bd. 30 (1929).
ISSEL, F.: Das Forster Revier. – In: 50 Jahre Mitteld. Braunkohlenbergbau, Festschr., Halle 1935.
KEILHACK, K.: 50 Jahre Ilse-Bergbau-AG. – Berlin 1938.
POTONIÉ, R.: Über den Muskauer Faltenbogen, seine Oberflächenformen und deren Abhängigkeit von der Beschaffenheit und Tektonik der Braunkohle. – Jb. preuß. geol. Landesanst., Berlin 1930.
PIETZSCH, O.: Das Braunkohlenvorkommen bei Muskau. – „Braunkohle", Bd. 17, Halle 1919.
PRIEMEL, K.: Die Braunkohlenformation des Hügellandes der Preußischen Oberlausitz. – Z. Berg-, Hütten- und Salinenwesen, Bd. 55 (1907).
RADTKE, H.: Grundlagen des Pleistozäns im Bereich Spremberg-Frankfurt/O. – In D. LOTSCH: Ergebnisbericht Spremberg–Frankfurt/O., unveröff.
ROETHE, O.: Über die Stauchungen im Braunkohlentertiär der östlichen Mark Brandenburg. – Jb. Hall. Verb., Bd. 10–11 (1931–1932).
SCHOSTAKOWITSCH, W. B.: Der ewig gefrorene Boden Sibiriens. – Z. Ges. Erdkunde, Berlin 1927.
VIETE, G.: Zur Entstehung der glazigenen Lagerungsstörungen unter besonderer Berücksichtigung der Flözdeformationen im mitteldeutschen Raum. – Freib. Forsch.-H., C 78, Berlin 1960.
WEBER, H.: Die Braunkohlenablagerungen in dem Gebiet zwischen dem Muskauer Faltenbogen und dem Sorauer Flözzuge. – Braunkohle, Bd. 27 (1928).

Die Induzierte Polarisation als Bohrlochmeßverfahren bei der Buntmetallerkundung

DIETER ANDREAS & GÜNTER HECHT, Jena

Einleitung

Bei der Auswertung elektrischer Bohrlochmessungen, die in permischen Eruptivgesteinen des Thüringer Waldes (SE-Teil von Blatt Ilmenau, 5331) durchgeführt wurden, konnten mit verschiedenen elektrischen Meßarten brauchbare Ergebnisse zur genauen Teufenbestimmung von Gesteinsgrenzen und zur Klüftigkeit der Gesteine erzielt werden[1]). Besonderes Interesse verdienen die dabei festgestellten Beziehungen zwischen EP-Messungen (Induzierte Polarisation) und Erzmineralanreicherungen. Im folgenden sollen von einigen Bohrungen die Kurven der EP-Messung diskutiert und die sich ergebenden Schlußfolgerungen für die Feststellung von Vererzungserscheinungen zusammengefaßt werden.

Die Induzierte Polarisation (IP) als Bohrlochmeßverfahren (EP)

Mit der geophysikalischen Methode der Induzierten Polarisation (BLEIL 1953, MARSHALL & MADDEN 1959) kann man zwischen elektrolytischer und metallischer Leitfähigkeit unterscheiden. Über ihre Brauchbarkeit als Bohrlochmeßverfahren ist bisher wenig bekannt, obwohl sie bei der Buntmetallerkundung mit Tiefbohrungen in weitem Maße anwendbar ist.

Anomalien der EP-Kurve müssen auf eine Veränderung in der Art der elektrischen Leitfähigkeit (von elektrolytischer zu metallischer oder umgekehrt) zurückgeführt werden. In Nähe der Bohrlochwände auftretende Metallanreicherungen und Mineralien mit guter metallischer Leitfähigkeit werden sich danach durch Anomalien (höhere mV-Werte) hervorheben.

Die ausgewerteten Bohrungen wurden als Kernbohrungen mit Schrotkronen, seltener mit Hartstift-

[1]) Verf. danken M. TANGELST und W. GOLLE vom VEB Geophysik, Leipzig, für die Durchführung der Bohrlochmessungen und für zahlreiche Hinweise bei den Auswertungsarbeiten.

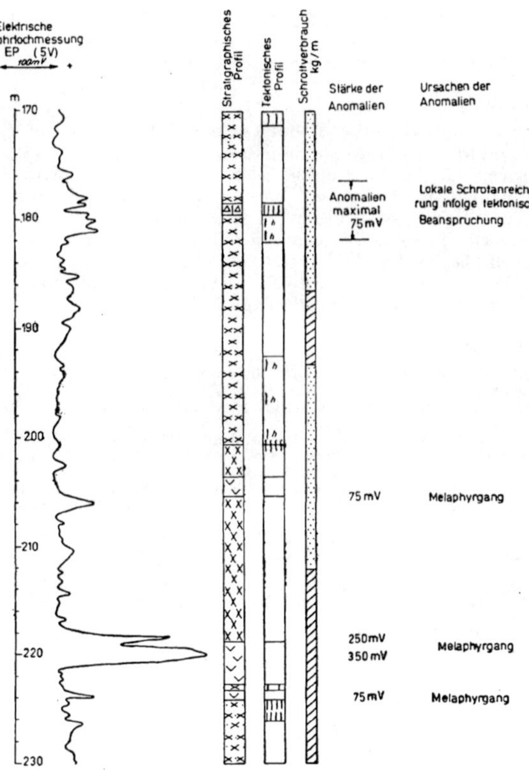

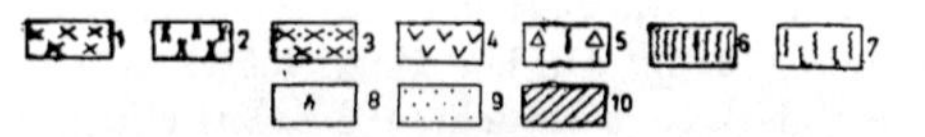

Abb. 1. Abhängigkeit der Anomalien vom Schrotverbrauch (Bohrung Katzmannstal 11/59)

1 – Porphyrit, 2 – Felsitporphyr, 3 – Glimmerporphyrit, 4 – Melaphyr, 5 – Reibungsbrekzie, 6 – Ruschelzone, 7 – mehr oder weniger stark tektonisch beanspruchte Zone, 8 – Harnisch, 9 – Schrotverbrauch 2 bis 3,5 kg/m, 10 – Schrotverbrauch 3,6–5 kg/m

Besonders geeignet erwiesen sich die EP-Messungen, bei denen mit einer Erregerspannung von 5 V gearbeitet und die gemessene Gegenspannung bei einem Teufenmaßstab 1 : 200 mit 100 mV bzw. 200 mV angetragen wurde.

Geologischer Überblick

Die geophysikalisch vermessenen Tiefbohrungen stehen in einer z. T. intrusiven Vulkanitserie der Unteren Gehrener Schichten, die sich aus Porphyriten, Porphyren und deren Tuffen sowie aus Orthophyren, Quarzporphyren und Melaphyr aufbaut.

Die Erzmineralanreicherungen sind vorwiegend an Porphyrite und Porphyre gebunden, wobei sich die intermediären Gesteine im allgemeinen als höffiger erweisen.

Von den Vererzungen haben folgende Typen größere Bedeutung:

a) sulfidische Derberze: Bleiglanz, Zinkblende, Kupferkies, Pyrit;
b) sulfidische Imprägnationserze: Kupferkies, Pyrit;
c) sulfidische Erzmineralien in Karbonattrümern.

kronen niedergebracht. Weiterhin wurde mit Tonspülung gebohrt, jedoch das Bohrloch vor der geophysikalischen Messung mehrere Stunden lang gespült. Eine Beeinflussung der EP-Messung durch an den Bohrlochwänden verbliebene Tonmineralien sowie eine Abhängigkeit zwischen auftretenden Anomalien und Schrotverbrauch (Abb. 1) konnte nicht festgestellt werden. Jedoch müssen einige, meist schwache Anomalien, besonders in den Bohrungen Katzmannstal 11/59 und 17/59, als lokale Schrotanreicherungen in Ruschelzonen und Zonen stärkerer Klüftigkeit gedeutet werden. Im allgemeinen können diese Pseudoanomalien ohne größere Schwierigkeit durch ihre Kurvenform und ihre Intensität (meist wenig hohe mV-Werte) von echten Anomalien unterschieden werden.

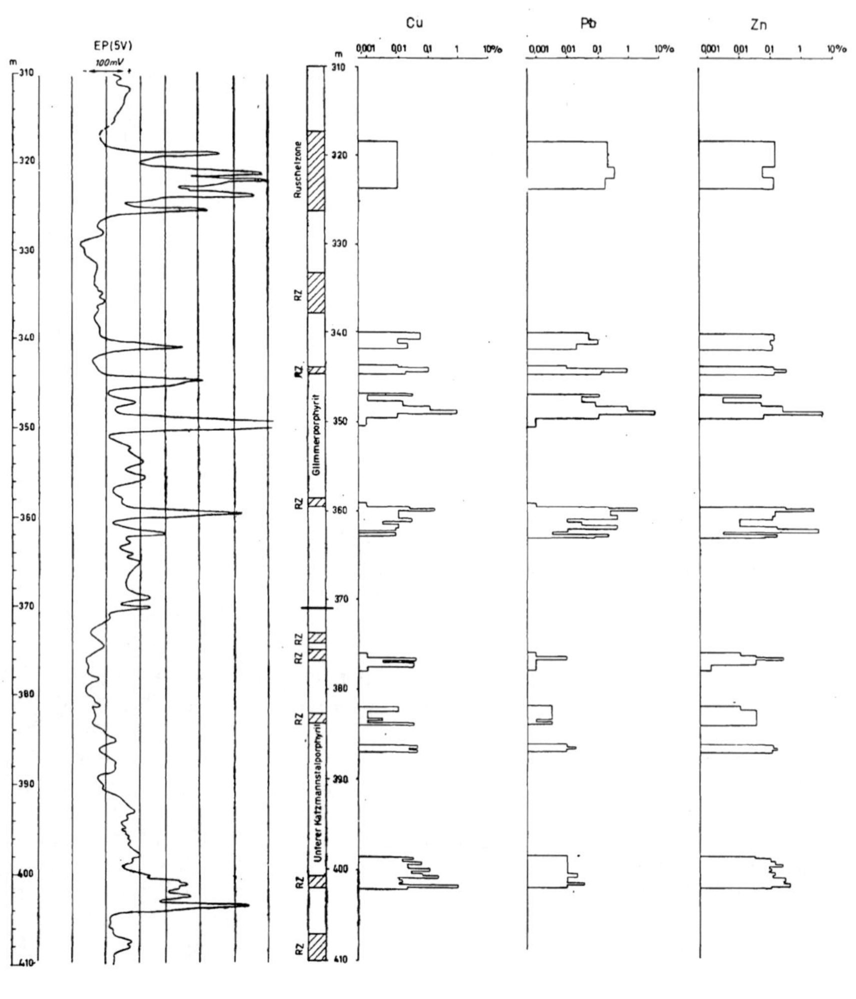

Abb. 2. Kurve der elektrischen Bohrlochmessung und Buntmetallführung im sulfidischen Derberz (Bohrung Katzmannstal 11/59)

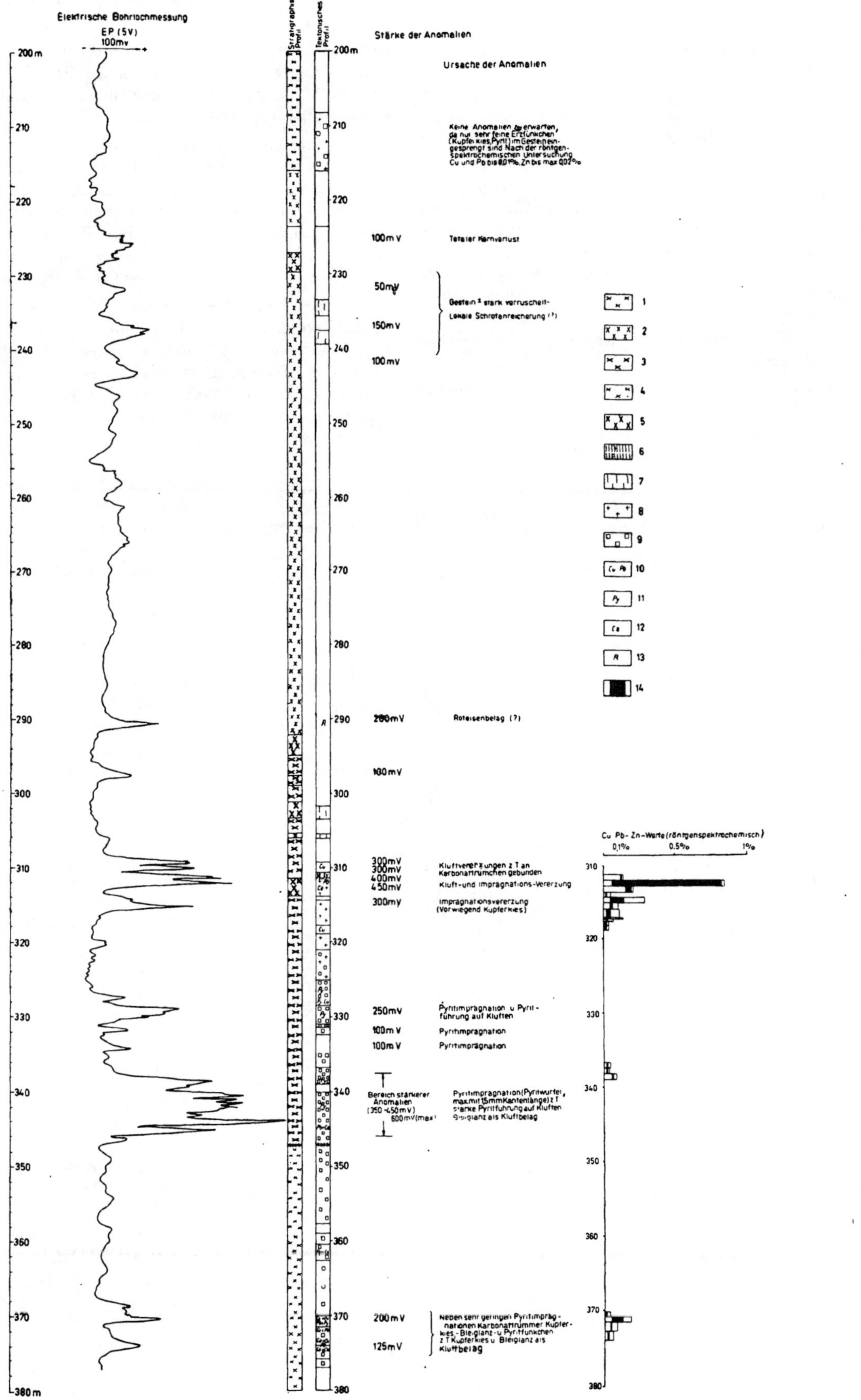

Abb. 3. Kurve der elektrischen Bohrlochmessung und Buntmetallführung im sulfidischen Imprägnationserz (Bohrung Katzmannstal 17/59)

1 – Porphyrit, 2 – Felsitporphyr, 3 – intrusiver Porphyrit, 4 – Glimmerporphyrit, 5 – Orthophyr, 6 – Ruschelzone, 7 – mehr oder weniger stark tektonisch beanspruchte Zone, 8 – Kupferminerale in Gestein eingesprengt, 9 – Pyrit in Gestein eingesprengt, 10 – Kupfer- und Bleiminerale als Kluftvererzungen, 11 – Pyrit als Kluftvererzung, 12 – Karbonattrum, 13 – Roteisen als Kluftbelag, 14 – Kupfer-, Blei-, Zinkwerte

Diskussion von EP-Kurven

Allgemeines

Für die Auswertungsarbeiten standen elf Tiefbohrungen (ca. 5500 Bohrmeter) zur Verfügung, davon acht Bohrungen (75% der ausgewerteten Bohrmeter) mit positiven und drei Bohrungen mit negativen Meßergebnissen. Da diese drei Bohrungen zu den ersten gehörten, in denen EP-Messungen durchgeführt wurden, sind die negativen Meßergebnisse auf Untersuchungsfehler (zu niedrige Erregerspannung, Anwendung ungünstiger Maßstäbe beim Antragen der gemessenen Gegenspannung), zum Teil auch auf Gerätefehler zurückzuführen. Nach Ausschalten dieser Fehlerquellen erwies sich die EP-Messung bei den weiteren Bohrungen als sehr brauchbar.

Anomalien, hervorgerufen durch sulfidische Erzmineralanreicherungen

Die Mehrzahl der in den EP-Kurven auftretenden Anomalien werden durch das Vorhandensein sulfidischer Erzmineralien mit guter metallischer Leitfähigkeit (Pyrit, Kupferkies, Bleiglanz, z. T. Zinkblende) verursacht. Die Abb. 2 bis 4 zeigen für die genannten Vererzungstypen typische Beispiele.

Da die einzelnen Vererzungstypen oft gemeinsam vorkommen und nicht immer scharf voneinander zu trennen sind, können auch keine großen Unterschiede in ihren Anomalieformen festgestellt werden. Wesentlich erscheint jedoch, daß neben den Erzmineralien auf Klüften auch solche, die in einer unpolarisierbaren Matrix eingesprengt sind, Anomalien hervorrufen.

Demnach können bei der Erkundung auf polymetallische Vererzungen mit Hilfe von Tiefbohrungen mit dieser Methode alle höffigen Zonen (auch bei sehr schlechtem Kerngewinn) erfaßt werden. Von großer Bedeutung ist dabei, inwieweit eine Abhängigkeit des Vererzungsgrades von der Intensität der Kurve besteht. Obwohl stets den stärksten Anomalien die Kernstrecken mit den größten makroskopisch erkennbaren Erzmineralanreicherungen entsprechen, lassen sich bis jetzt noch keine quantitativen Aussagen machen. Einmal wird bei den röntgenspektrochemischen und chemischen Untersuchungen der Pyritanteil nicht erfaßt, zum anderen lassen sich auch Kernverluste nicht ganz verhindern. Als weiterer Faktor tritt hinzu, daß bedeutende Unterschiede zwischen den einzelnen sulfidischen Erzmineralien in ihrer elektrischen Leitfähigkeit bestehen.

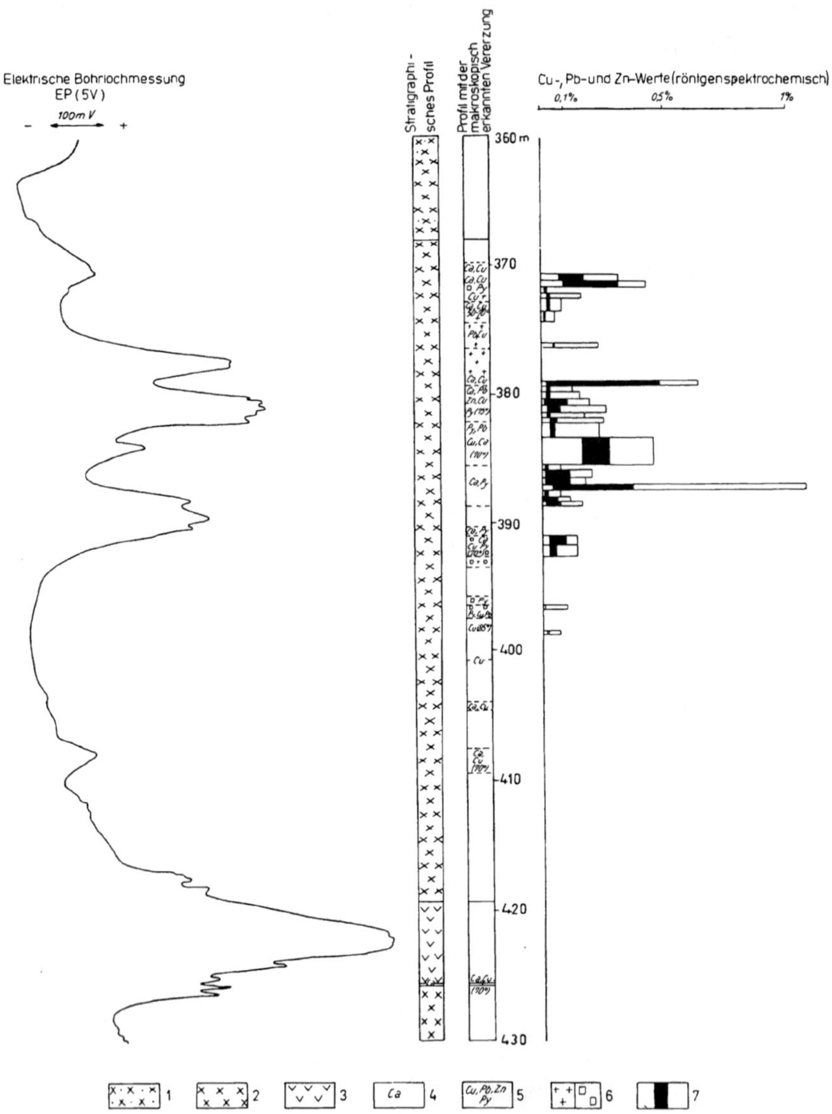

Abb. 4. Kurve der elektrischen Bohrlochmessung und Buntmetallführung in sulfidischen Erzmineralien in Karbonattrümern (Bohrung Katzmannstal 18/60)

1 – Glimmerporphyrit, 2 – Porphyrit, 3 – Melaphyr, 4 – Kalkspattrum, 5 – Kupfer-, Blei-, Zinkminerale und Pyrit auf Klüften, 6 – Kupferminerale und Pyrit eingesprengt, 7 – Kupfer-, Blei-, Zinkwerte

Anomalien, hervorgerufen durch oxydische Erzmineralien

Neben den Metallsulfiden zeichnen sich vor allem einige Oxyde (Magnetit, Eisenglanz, Ilmenit, Zinnstein) durch eine gute metallische Leitfähigkeit (Elektronenleitung) aus. Es ist deshalb nicht verwunderlich, daß sich ebenfalls Melaphyrgänge durch charakteristische Anomalien hervorheben, treten doch Magnetit und Ilmenit quantitativ bevorzugt in basaltoiden Gesteinen auf (NEWHOUSE 1936). Außer diesen polarisierbaren Partikeln, die in eine unpolarisierbare Matrix eingesprengt sind, muß noch die starke Roteisendurchsetzung der Melaphyrgänge (besonders an den Salbändern) beachtet werden.

Die Kurvenform der Melaphyranomalien ist gegenüber denen der sulfidischen Erzmineralanreicherungen meist gleichmäßig gerundet, selten spitz. Dies wird durch die

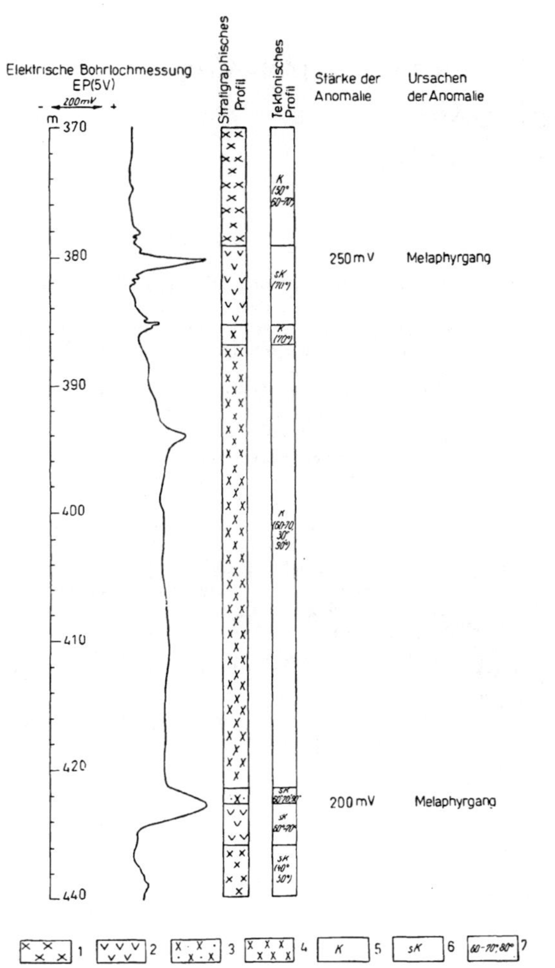

Abb. 5. Anomalien im Bereich der Melaphyrgänge (Bohrung Katzmannstal 16/59)

1 – Porphyrit, 2 – Melaphyr, 3 – Quarzporphyr (orthoklasarme Randfazies), 4 – Quarzporphyr (Meyersgrundporphyr) mit Melaphyreinschlüssen bis zu 6 cm, 5 – schwach klüftig bis klüftig, 6 – stark klüftig, 7 – Einfallen der Klüfte

auftretenden Mächtigkeitsdifferenzen hinreichend erklärt. Besonders veranschaulicht dies Abb. 4, in der unter einem sechs Meter mächtigen Melaphyrgang ein 0,06 m starkes kupferkiesführendes Karbonattrum folgt. Ebenfalls besteht eine deutliche Beziehung zwischen der Anomaliegröße der einzelnen Melaphyrgänge und deren Mächtigkeit (Abb. 1 und 4). Dabei wird deutlich, daß die größten Anomalien in den Bereich der mächtigsten Melaphyrgänge fallen.

Oft sind die erbohrten Melaphyrgänge an Quarzporphyre mit vielen großen Einsprenglingen gebunden und treten in deren Hangendem und Liegendem auf (Abb. 5). Weiterhin enthält dieser Quarzporphyr z. T. bis dm große Melaphyreinschlüsse. Diese petrographischen Gegebenheiten spiegeln sich auch in den betreffenden EP-Kurven wider, d. h., zwischen den beiden stärker ausgeprägten Anomalien der Melaphyrgänge zeigt die EP-Kurve höhere mV-Werte als im Hangenden und Liegenden der Gänge. Der etwas nuruhige Kurvenverlauf wird durch die zahlreichen Melaphyreinschlüsse bedingt.

Weiterhin gehören hierher Anomalien, die bisher nur im Felsitporphyrbereich beobachtet wurden und vermutlich auf eine lokale stärkere Roteisenführung zurückzuführen sind (Hexaeder mit Kantenlängen bis 5 mm). Solche Anomalien sind jedoch sehr untergeordnet aufgetreten.

Zusammenfassung

Bei der Auswertung der EP-Kurven von Tiefbohrungen konnten zahlreiche, deutlich ausgeprägte Anomalien festgestellt werden, die sich auf Grund der Bohrkernaufnahme entweder auf das Vorhandensein sulfidischer (polymetallischer) Erzmineralanreicherungen oder auf das Vorkommen gut leitender oxydischer Erzmineralien in Melaphyren zurückführen lassen. Da sich die Anomalien der sulfidischen Erzmineralanreicherungen von denen der Melaphyrgänge unterscheiden lassen, ist es mit diesem elektrischen Bohrlochmeßverfahren möglich, alle wesentlichen polymetallischen Erzmineralanreicherungen zu erfassen und so auch bei totalem Kernverlust auftretende Vererzungen festzustellen.

Quantitative Aussagen über die Erzmineralanreicherung aus der Stärke der Anomalie zu machen, ist noch nicht möglich. Vielleicht können aber bei der Untersuchung an bekannten polymetallischen Vererzungsstrukturen derartige Aussagen gewonnen werden (z. B. bei Kupferschieferbohrungen).

Резюме

При изучении кривых собственного потенциала глубоких скважин удалось установить многочисленные, отчетливо выраженные аномалии; на основе изучения керна эти аномалии можно связывать с наличием сульфидных (полиметаллических) скоплений рудных минералов или с наличием хорошо проводящих окисленных рудных минералов в мелафирах. Представляется возможным отличать аномалии сульфидных рудных минералов от тех в мелафировых дайках; этим данный электрический каротажный метод дает возможность охватывать все существенные скопления полиметаллических рудных минералов и тем самым установить встречающиеся оруденения, даже в условиях полной потери керна.

На основании силы аномалии сделать количественные выводы об обогащении рудных минералов еще невозможно. Может быть, при исследованиях на известных структурах полиметаллического оруденения представляется возможным высказывать такие выводы (на примере скважин на медистый сланец).

Summary

Deep boring EP curve analysis enabled to determine numerous clearly marked anomalies which can be attributed to either the presence of sulphidic (polymetallic) ore mineral concentrations, or to the occurrence of oxidic ore minerals of good conductivity in melaphyres. Since the anomalies of sulphidic ore mineral concentrations are discernible from those of the melaphyre veins, these electrical methods of borehole measurement enable to include all essential polymetallic ore mineral concentrations, and to determine mineralizations even in the case of the core being totally lost.

It is not possible so far to make quantitative statements about ore mineral concentrations from the strength of anomaly. It may be, however, that such statements can be made during the investigation of known polymetallic structures of mineralization (e. g. in copper schist drillings).

Literatur

BLEIL, D. F.: Induced polarisation, a method of geophysical prospecting. – Geophysics, 18, 686–661 (1953).

MARSHALL, D. J. & T. R. MADDEN: Induced polarisation, a study of its causes. – Geophysics, 24, 790–816 (1959).

NEWHOUSE, W. H.: Opaque oxides and sulphides in common igneous rocks – Bull. geol. Soc. America, 47, 1–52 (1936).

REICH, H.: Grundlagen der angewandten Geophysik für Geologen. – Leipzig 1960.

Bohrjournale des Objektes Katzmannstal. – Akten des Geologischen Dienstes Jena.

Vorläufige Anweisung der ZVK über die Erfassung und Berechnung nutzbarer Rohstoffe im Deckgebirge der Braunkohlenfelder

Vom 13. Juli 1961

Der ständig wachsende Bedarf an Rohstoffen für die baustofferzeugende und keramische Industrie einschließlich der Feuerfest-Industrie macht es dringend erforderlich, die in Begleitung von Braunkohlenlagerstätten auftretenden Rohstoffe, wie Ton (Kaolin), Sand und Kies, einer wirtschaftlichen Nutzung zuzuführen.

In Ergänzung der Punkte 5.19, 5.33 und 5.51 der 1. Instruktion zur Anwendung der „Klassifikation der Lagerstättenvorräte fester mineralischer Rohstoffe" auf Braunkohlenlagerstätten der DDR vom 9. 12. 1959 wird deshalb festgelegt:

1. Die bei der Erkundung von Braunkohlen in den Deckschichten (Abraum) der in Produktion stehenden Baufelder und Braunkohlenzukunftsfelder angetroffenen nutzbaren Tone (Kaoline), Sande und Kiese sind zu berechnen und zusammen mit den Braunkohlenvorräten — jedoch getrennt nach Rohstoffen — zur Bestätigung einzureichen.
2. Solche in Deckschichten berechneten Vorräte werden gemäß ihrem Erforschungsgrad und unter Berücksichtigung der Forderungen, die an die Erkundung dieser Rohstoffe gestellt werden, in die entsprechenden Vorratsklassen eingestuft. Diese Klassen können sich von den Vorratsklassen für Braunkohlen des gleichen Berechnungsblockes unterscheiden.
3. Die berechneten Schichten nutzbarer Rohstoffe in den Deckschichten müssen in Abhängigkeit von der Qualität des Rohstoffes mindestens 2—3 m mächtig sein, um als Nebenprodukt der Braunkohlengewinnung berechnet und bilanziert werden zu können.
4. Die Dokumentation und Bemusterung dieser Rohstoffe erfolgt nach den gültigen Bestimmungen:
   a) Vorläufige Arbeitsanweisung zur Felddokumentation geologischer Erkundungsarbeiten der StGK. — Z. angew. Geol., Bd. 2, H. 11/12, S. 558—564 (1956).
   b) Vorläufige Arbeitsanweisung der StGK zur Kernentnahme und Kernbehandlung bei geologischen Erkundungsbohrungen. — Z. angew. Geol., Bd. 2, H. 11/12, S. 556—558 (1956).
   c) Vorläufige Richtlinien für die organisatorische Durchführung und die Kontrolle chemisch-analytischer Arbeiten. — Z. angew. Geol., Bd. 5, H. 3, S. 111—113 (1959).

ZENTRALE VORRATSKOMMISSION FÜR MINERALISCHE ROHSTOFFE
Der Vorsitzende
Stammberger

Schnellverfahren zur Analyse einfacher Silikate[1]

ERIKA WOHLMANN, Berlin

1. Einleitung

Seit einigen Jahren beschäftigt man sich intensiv mit der Beschleunigung der Silikatanalyse (J. ROBITSCHEK 1928, H. RITTER 1931), und verschiedene Verfahren wurden gegenüber der klassischen Silikatanalyse (H. WASHINGTON 1930, E. DITTLER 1933, W. F. HILLEBRAND & G. E. F. LUNDELL 1950, J. JAKOB 1952) verbessert. Dazu gehören vor allem die Bestimmung der Kieselsäure durch Gelatinefällung (H. WEISS & R. SIEGER 1940), die Fällung von Fe, Al und Ti mit Oxin (R. BERG 1938) bei pH 4—5, die Fällung des Ca als Oxalat (E. WOHLMANN 1954), die Fällung des Mg als Magnesiumammoniumphosphat und die direkte Wägung beider Fällungsformen nach einmaliger Trennung (E. WOHLMANN 1954) sowie die titrimetrische Bestimmung von Ca und Ca plus Mg mit ÄDTA (G. SCHWARZENBACH 1956). Weitere klassische Teilarbeitsgänge wurden wie folgt abgeändert: Fe und Ti (E. WOHLMANN 1954) werden nach Reduktion mit Cd bzw. $TiCl_3$ mit $KMnO_4$ bzw. Fe(III)-Lösung titriert, während Mn (H. WILLARD & L. H. GREATHOUSE 1917) und P (J. TISCHER 1934) photometriert werden. S wird als $BaSO_4$ neben ausgefallener Kieselsäure gefällt und in ammoniakalischer ÄDTA-Lösung (R. PŘIBIL & D. MARICOVA 1952) titriert. Dagegen wird CO_2 noch immer, da dieses Verfahren am genauesten ist, nach FRESENIUS (s. E. DITTLER 1933) bestimmt. Wasser über 110°, C und CO_2 werden, wenn alle drei Komponenten vorhanden sind, gemeinsam, sonst nur H_2O + 110°, im elektrischen Ofen bestimmt. Die Kieselsäure-Fluor-Trennung (E. DITTLER 1933) und die Fluorbestimmung (G. STARCK & A. THORIN 1912) selbst wurden ebenfalls verbessert. Zur schnellen Bestimmung der Alkalien wurde ein Kurzverfahren entwickelt, das gesondert beschrieben wird. Das soeben skizzierte Verfahren zur beschleunigten klassischen Silikatanalyse gestattet einmal das Arbeiten mit wenig Gesamtmaterial bei Einzelanalysen, zum anderen die Berücksichtigung weiterer Elemente im Analysengang. Dazu gehören Be (W. FRESENIUS & J. JANDER 1940), Cr, Ni, V, Ba, Sr, Cu, Pb, Zn und andere Elemente. Sind Cu, Pb, Zn zu bestimmen, wird der Einsatz von Ionenaustauschern (Wofatit L 150) erforderlich (H. UNGETHÜM 1956). Cu wird danach aus dem Durchlauf vom Wofatit L 150 mit Diäthyldithiocarbamat (K. GLEU & R. SCHWAB 1950) aus NaOH-Tartratlösung extrahiert und photometriert; Zn und Pb werden nach Elution von Wofatit L 150 mit ÄDTA-Lösung (H. UNGETHÜM 1956) titriert[2].

2. Das Schnellverfahren

2.1 Allgemeines

Eine wesentliche Beschleunigung gegenüber der verbesserten klassischen Silikatanalyse wurde durch ausschließliche Anwendung der photometrischen und volumetrischen Untersuchungsverfahren erzielt. Die Gravimetrie wird hierbei nur noch zur Bestimmung von CO_2 und H_2O benötigt.

Über die weitgehend titrimetrisch und photometrisch ausgeführte Silikatanalyse liegen bereits mehrere Analysenverfahren (R. HEDIN 1947, R. LEO 1952, B. R. COREY & M. L. JACKSON 1953, P. L. SHUGART 1954, H. FLASCHKA 1954—1958, L. SHAPIRO & W. W. BRANNOCK, J. LANGE 1956, E. VOGEL 1957, W. RADMACHER & W. SCHMITZ 1958) vor. Diese wurden zum Teil für den vorliegenden Analysengang benutzt, zum Teil wurden die aus der neueren Literatur ersichtlichen Ergebnisse und Anregungen eingebaut (R. PŘIBIL 1953, 1954, 1955; E. WÄNNINEN & R. RINGBOM 1955, L. SHAPIRO & W. W. BRANNOCK; P. L. SHUGART 1954; B. R. COREY & M. L. JACKSON 1953).

Bei der Schnellanalyse von einfach zusammengesetzten Silikaten werden bestimmt: SiO_2, TiO_2, Al_2O_3, Fe_2O_3,

[1]) Vorgetragen beim Erfahrungsaustausch der Chemiker der Staatlichen Geologischen Kommission im November 1960 in Freiberg.

[2]) Für die Ausführung der Versuche sei Frl. W. WANDER gedankt.

FeO, MnO, CaO, MgO, Na_2O, K_2O, H_2O $\pm 110°$, CO_2, P_2O_5 und S.

Um die zur Analyse einfacher Silikate erforderliche Zeit zu verringern, wurde 1954 mit der direkten Aluminiumbestimmung nach doppelter NaOH-Trennung (P. L. SHUGART 1954) und Fällung als Oxinat (R. BERG 1938) begonnen. Statt der Fällung wird jetzt die chelametrische Titration (E. WÄNNINEN & R. RINGBOM 1955, M. THEIS 1955) angewandt. Diese Art der Trennung und Bestimmung des Aluminiums ermöglicht nach der Kieselsäurebestimmung die Bestimmung aller weiteren Elemente ohne Abtrennung direkt in Gegenwart der anderen Elemente (E. DITTLER 1933, J. JAKOB 1952, R. BERG 1938, E. WOHLMANN 1954 u. a.).

Einen beachtlichen Fortschritt brachte die Benutzung von Silbertiegeln für den NaOH-Aufschluß nach O. BRUNCK & R. HÖLTJE (1932), aus dessen wässrigem Auszug Al chelametrisch (E. WÄNNINEN & R. RINGBOM 1955, M. THEIS 1955) und SiO_2 photometrisch (L. SHAPIRO & W. W. BRANNOCK, P. L. SHUGART 1954) bestimmt werden.

Die Verwendung des von R. PŘIBIL (1953, 1954) empfohlenen Triäthanolamins bedeutete eine weitere erhebliche Beschleunigung für die Silikatanalyse, nämlich für die Ca- und Ca+Mg-Bestimmung neben Fe, Al, Ti und Mn. Dieses Reagenz konnte erst 1959 eingesetzt werden, da kein reines Präparat geliefert wurde. Auf Grund eines Hinweises tschechischer Kollegen wird es in das Hydrochlorid umgewandelt (J. KÖRBL & F. VYDRA 1957, 1958), das sich ausgezeichnet dosieren läßt. Durch den Einsatz von Triäthanolaminhydrochlorid entfällt die Abtrennung des Fe, Al und Ti und Mn von Ca und Mg durch Hydroxyd-, Acetat- oder Oxinfällung sowie die Zerstörung von Ammoniumsalzen und eventuell von Oxin vor der Ca- und Ca+Mg-Titration, was einen enormen Zeitgewinn bedeutet. Über die Verwendung von Triäthanolamin und neuerer Indikatoren zur Ca- und Ca+Mg-Bestimmung wird noch ausführlich berichtet.

Die bereits angedeuteten Einzelbestimmungen von Fe, Ti (E. WOHLMANN 1954), Mn (H. WILLARD & L. H. GREATHOUSE 1917) und P (J. TISCHER 1934) werden wie bisher titrimetrisch oder photometrisch ausgeführt und werden in einer von Verf. über die klassische beschleunigte Silikatanalyse geplanten Veröffentlichung eingehend beschrieben werden.

Die Lösung für Einzelbestimmungen von Fe, Ti, Mn und P wird bei der Schnellanalyse aus einem in HCl (200 ml HCl 1:1) zersetzten Karbonataufschluß, der ohne Berücksichtigung ausgefallener Kieselsäure mit Wasser auf 500 ml aufgefüllt wurde, entnommen.

Die Kieselsäure-Fluor-Trennung, die beschleunigt (G. STARCK & A. THORIN 1912), aber auch als Schnellverfahren photometrisch und titrimetrisch (R. BELCHER & S. J. CLARK 1953) durchgeführt werden kann, wird bei der Silikatanalyse beschrieben.

Häufig trat bei den Versuchsarbeiten der Fall ein, daß eine Beschleunigung bei der Bestimmung eines Bestandteiles Schwierigkeiten für die Bestimmung eines anderen mit sich brachte. So führte die Gelatinefällung der Kieselsäure zu Störungen bei der bis dahin üblichen Eisenbestimmung durch Reduktion mit Cd und Titration mit $KMnO_4$ (E. WOHLMANN 1954), die nunmehr titanometrisch erfolgt. Weiterhin kann nach der Zerstörung der Ammoniumsalze mit Formaldehyd (S. HEMMELER 1935), die sehr rasch vor sich geht, Mg nicht mehr mit Oxin aus ammoniakalischer, aber aus NaOH-Tartrat-Lösung gefällt werden. Ein Aufschluß mit Soda-Borax, wie er oft bei besonders schwer aufschließbaren Mineralien erforderlich ist, führt zu Schwierigkeiten bei der Titration von Ca und Ca plus Mg neben Triäthanolamin; es fallen Ca- und Mg-Borate aus, und der Umschlag der Indikatoren wird ganz verschwommen.

Die Beobachtungen beim Soda-Borax-Aufschluß zeigen, daß das Schnellverfahren nicht immer anwendbar ist und daß daher die beschleunigte klassische Silikatanalyse ihre Bedeutung behält. Bei ihr werden beim Soda-Borax-Aufschluß die durch die Anwesenheit von Borat vorliegenden Schwierigkeiten durch eine Oxinfällung und -trennung umgangen.

2.2 Photometrische Kieselsäurebestimmung und die titrimetrische Aluminiumbestimmung

2.21 Aufschluß

Für die photometrische SiO_2-Bestimmung (L. SHAPIRO & W. W. BRANNOCK, P. L. SHUGART 1954) und die titrimetrische Al-Bestimmung erfolgt der Aufschluß mit NaOH (O. BRUNCK & R. HÖLTJE 1932, 1933) im Silbertiegel.

0,25 g Probe werden im Silbertiegel vorsichtig mit 10 g NaOH gemischt, in den kalten Ofen gestellt und auf 460° angeheizt. Bei dieser Temperatur wird der Tiegel 20 min belassen und dann 40 min auf 760° erhitzt. Aus Sicherheitsgründen stellt man den Tiegel in eine Silberschale, um evtl. überschäumende Schmelze nicht zu verlieren.

Nach dem Abkühlen wird mit 125 ml Wasser und 20 ml Methanol ausgelaugt, mit dem Rückstand in einen Kolben zu 1000 ml mit 2 n NaOH übergeführt, mit 2 n NaOH gewaschen und damit aufgefüllt. Da die NaOH-Konzentration nicht unter 2 n absinken soll, dient 2 n NaOH auch als Waschwasser.

2.22 Photometrische Kieselsäurebestimmung (P. L. SHUGART 1954, L. SHAPIRO & W. W. BRANNOCK)

Von der auf 1 Liter aufgefüllten Analysenlösung werden 10 (5) ml in einen Kolben von 1 l Vol. pipettiert, der Kolbenhals wird mit Wasser abgespritzt und weitere 500 ml Wasser werden zugegeben. Aus einer Bürette wird 1 ml gesättigte β-Dinitrophenollösung zugefügt, mit 0,5 n H_2SO_4 (1 Ampulle 1 n H_2SO_4/2 L) neutralisiert, bis der Indikator nur noch ganz schwach gelb gefärbt ist; dann werden mit Hilfe einer Kippflasche noch 10 ml 0,5 n H_2SO_4 zugesetzt und die H_2SO_4 mit Wasser abgespritzt und gemischt.

Nunmehr werden 10 ml 7,5%ige Ammoniummolybdatlösung zugefügt, wodurch gelbe Silicomolybdänsäure entsteht. Der Kolbenhals wird wieder mit Wasser abgespritzt, mit H_2O aufgefüllt und 10 min stehengelassen.

Diese gelbe Silicomolybdänsäure-Lösung kann unter Benutzung von Blaufiltern gemessen werden, wozu 100 ml entnommen werden. Durch Zusatz eines Reduktionsmittels kann die gelbe Lösung in die blaue Silicomolybdänsäure übergeführt werden. Zu der gelben Lösung werden 5 ml Reduktionslösung zugesetzt und gemischt. Nach 30 min Stehen wird am LANGE-Kolorimeter in Durchflußküvetten (ca. 20 ml Vol.) ohne Filter bei 0—100% Absorption gemessen.

Wurden 100 ml zur Messung der Gelbfärbung entnommen, wird die Reduktionslösung zu den verbliebenen 900 ml hinzugefügt, gemischt und nach 30 min gemessen.

2.23 Aufnahme der Kurven

Die Aufnahme der Kurven muß dem beschriebenen Gang zur Erzeugung der Färbungen angepaßt werden. Man verwendet dazu eine Lösung von Natriumsilicat, hergestellt aus 1 g Quarz durch Schmelzen mit 10 g NaOH im Silbertiegel, Auslaugen mit 125 ml Wasser und 20 ml Methanol. Mit 2 n NaOH wird die zersetzte Schmelze in einen Kolben von 1 Liter Vol. übergeführt und schließlich mit 2 n NaOH aufgefüllt.

Von dieser Lösung werden zur Aufnahme der Kurve für die blauen Lösungen steigende Mengen SiO_2 (0,1; 0,3; 0,5; 0,8; 1,0; 1,5; 2,0; 2,5; 3,0; 3,5; 4,0; 4,5; 5,0 ml bzw. mg) wie unter 2.23 in einen 1-l-Kolben gegeben. Darauf wird, wie unter 2.23 beschrieben, weiter verfahren. Für die Kurve der gelben Lösungen werden die Abnahmen bis zu 10 ml gesteigert. Die Lösungen wurden ebenfalls, wie unter 2.23 beschrieben, hergestellt.

2.24 Blindansatz

Da sich aus einem Blindansatz mit gleichen Wasser- und Reagenzlösungsmengen jeweils feststellen läßt, ob Verunreinigungen vorliegen, die eine Erhöhung verursachen (besonders auch Verunreinigungen im dest. Wasser, das in großen Mengen für die Auffüllungen gebraucht wird), ist eine Blindanalyse unerläßlich.

2.25 Die Berechnung des SiO_2

Gefundene g (mg) SiO_2, entsprechend 10 ml Abnahme von 1000 ml Aufschlußlösung:

$$\frac{g\,SiO_2 \cdot 100 \cdot 100}{0{,}25} = \%\,SiO_2$$

Der am Kolorimeter und in der Eichkurve abgelesene Wert entspricht den 10 ml Abnahme von 1 l Aufschlußlösung, wieder aufgefüllt auf 1 l, in dem die Färbung erzeugt wird, bzw. bei den Kurven den in 1000 ml angefärbter Lösung vorhandenen mg SiO_2. Durch diese Auffüllung entfällt eine hohe Aufmultiplikation, so daß der Fehler verringert wird.

2.26 Herstellung der Reagentien

a) Ammoniummolybdatlösung: 7,5 g Ammoniummolybdat in 75 ml Wasser lösen, dazu 10 ml H_2SO_4 1 : 1 und auf 100 ml auffüllen, in Plastikflaschen aufbewahren.

b) Reduktionslösung: 0,7 g Na_2SO_3 in 10 ml Wasser lösen, dazu 0,5 g Eikonogen (= 1-Amino-2-Naphthol-4-Sulfonsäure), rühren, bis alles gelöst ist. 9 g $NaHSO_3$ in 90 ml Wasser lösen, mit der Eikonogenlösung vereinigen, mischen und in Plastikflaschen aufbewahren. Haltbarkeit unter Luftabschluß zwei Wochen. Steht kein einwandfreies Präparat zur Verfügung, wird es nach der Vorschrift aus dem Handbuch der analytischen Chemie, Teil III, Band V (Phosphor), 1953, S. 103, umkristallisiert.

2.27 Umkristallisation des Eikonogens

In einem auf 90° erwärmtem l Wasser werden 150 g Natriumhydrogensulfit und 10 g Natriumsulfit gelöst. Nach Zufügen von 15 g roher Säure (1,2,4-Aminonaphtholsulfonsäure) schüttelt man so lange um, bis sich alles bis auf die Verunreinigungen gelöst hat. Man filtriert durch ein großes Filter, kühlt unter der Wasserleitung ab und fügt 10 ml konz. Salzsäure hinzu. Die ausgeschiedene Säure wird abgesaugt, mit 300 ml Wasser und dann mit Alkohol so lange gewaschen, bis die Waschflüssigkeit farblos abläuft. Nachdem die Säure im Dunkeln an der Luft getrocknet ist, wird sie in einer braunen Flasche aufbewahrt.

2.28 Anwendung des Verfahrens

Nach diesem Verfahren der photometrischen SiO_2-Bestimmung können mit der genannten Einwaage von 0,25 g, den Auffüllungen (2 × 1 Liter) sowie der Küvettengröße von 20 ml SiO_2-Gehalte von 70% noch genau bestimmt werden. Diese ergeben eine Absorption von ca. 60% (Skalenteile). Für höhere Gehalte mit ca. 80% SiO_2, ca. 65% Absorption, muß eine kleinere Abnahme (5 ml) durchgeführt werden.

Die Überprüfung des Verfahrens an Standardproben und bekannten, mehrfach analysierten Proben ergibt gute Übereinstimmung für saure Gesteine, Tone, Kaoline, Bauxite und Eisenerze.

In basischen Gesteinen, Gabbros, Talken, trat bei der photometrischen SiO_2-Bestimmung ein Minderbefund an SiO_2 ein, es wurden nur ca. $^2/_3$ der vorhandenen Kieselsäure gefunden und im Aufschluß des filtrierten und veraschten Rückstandes nur weitere 2—5% SiO_2. Es fehlten also ca. 3% (abs.). Eine Verlängerung der Aufschlußzeit bei 760° auf 90 min brachte bei hohem SiO_2-Gehalt (ca. 60%) gute Ergebnisse, während bei einem Gehalt von 24% nur 15% SiO_2 und bei einem Gehalt von 30% nur ca. 25% gefunden wurden. Diese Gesteine haben einen hohen Gehalt an CaO und MgO, und diese binden offenbar die Kieselsäure fest. Der Zusatz einer genau gewogenen Menge Quarz zum Aufschluß führte nicht zum Ziel. Bei Zusatz von 0,125 g Fe_2O_3 oder 2 g Na_2SO_4 für 0,25 g Einwaage und 10—15 g NaOH gelang dagegen der Aufschluß und damit die Bestimmung von SiO_2 einwandfrei. Fe_2O_3 sollte Eisensilikate bilden, das bei Zusatz von Wasser hydrolisiert unter Bildung von $Fe(OH)_3$ und Na_2SiO_3, während Na_2SO_4 Calciumsulfat bilden sollte.

Bei der Analyse von Braunkohlenaschen, deren SiO_2-Gehalte zwischen 0 und 80% lagen bei gleichzeitig hohem Calciumgehalt (3—50% CaO), gab das photometrische Verfahren für SiO_2, trotz des Zusatzes von 0,125 g Fe_2O_3, nur Näherungswerte, die aber die Wahl des Verfahrens der Kieselsäurebestimmung — entweder mit Gelatine nach dem Karbonataufschluß oder für das Arbeiten über Löserückstand, Abrauchen desselben mit Flußsäure-Schwefelsäure und Wägen des Abrauchrückstandes — ermöglichten.

2.3 Titrimetrische Al-Bestimmung

2.31 Allgemeines

Aus der durch Schmelzen der Probe im Silbertiegel mit NaOH hergestellten Aufschlußlösung (s. S. 535) werden die Abnahmen für die titrimetrische Aluminiumbestimmung genommen, die im folgenden beschrieben werden soll.

Nach dem Bekanntwerden von Indikatoren für die chelametrische Al-Bestimmung (E. WÄNNINEN & R. RINGBOM 1955, M. THEIS 1955) wurde Aluminium zunächst aus durch doppelte NaOH-Trennung erhaltenen Lösungen bestimmt, während es nunmehr aus dem wäßrigen Auszug des NaOH-Aufschlusses (s. S. 535) titrimetrisch ermittelt wird.

Zur Titration benutzen wir Chromazurol S (M. THEIS 1955) als Indikator oder das von A. PALMBERG bei uns eingeführte Verfahren von E. WÄNNINEN & R. RINGBOM (1955) mit Dithizon als Indikator. Die Al-Bestimmung erfolgt in beiden Fällen in Form einer Rücktitration des im Überschuß zugesetzten ÄDTA.

2.32 Titration mit Chromazurol S als Indikator

Von der mit Rückstand im Literkolben aufgefüllten Aufschlußlösung, die auch zur Bestimmung von SiO_2 dient, werden 200 ml abgenommen und in eine Kochflasche von 1 l Inhalt gebracht. Mit HCl 1 : 1 (75 ml) wird über den Umschlag von Methylrot[3]) hinaus in einem Guß angesäuert, mit 2 ml Chromazurol S versetzt und mit NH_4OH 1 : 1 neutralisiert bis zum Auftreten einer Rotviolettfärbung. Die Lösung darf nicht rein violette Färbung annehmen, ist es doch der Fall, muß mit 2,5 m HCl auf Rotviolett zurückgegangen werden. Nach Zusatz von 20—50 ml m/40 Chelaplex-III-Lösung, wodurch Rotfärbung (freier Indikator) entsteht, wird zum Sieden erhitzt. Dadurch geht die Färbung des Indikators in Goldgelb über. Nach Zusatz von 25 bis 50 ml Ammoniumacetat-Essigsäure-Puffer von p_H 4 wird die Lösung hellrot (freier Indikator in heißer Lösung bei p_H 4). Nun wird sofort mit m/40 Al-Lösung bis zum Umschlag nach Violettrot, der Ausgangsfarbe der Titration (Al-Indikator-Komplex), titriert.

Der Farbwechsel ist nicht so extrem wie beim Dithizon (grünviolett gibt hellrot), aber dennoch scharf und gut zu beobachten. Es kann auch hin und her titriert werden, jedoch muß dazwischen evtl. noch einmal erhitzt werden.

Bleibt nach dem Erhitzen mit Chelaplex III die Violettfärbung bestehen, wurde zu wenig Chelaplexlösung genommen, die nun noch, genau abgemessen, zugesetzt werden muß. Nach erneutem Aufkochen wird dann nach Pufferzugabe sofort titriert.

Die Möglichkeit der nachträglichen und zusätzlichen Chelaplexzugabe ist ein weiterer Vorteil gegenüber dem Dithizonverfahren.

---

[3]) Methylrot kann als Neutralisationsindikator weggelassen und stattdessen kann Chromazurol S benutzt werden. Der Umschlag bei der Titration erfolgt dann schärfer. Im ammoniakalischen Gebiet ist Chromazurol S grünlichgelb, im sauren Gebiet hellrot gefärbt.

2.33 Al-Titration mit Dithizon als Indikator

Bei der Verwendung von Dithizon als Indikator wird eine gleiche Abnahme (200 ml) wie in 2.32 angesäuert, mit NH_4OH 1 : 1 auf p_H 4 gebracht und zu dieser Lösung 20—50 ml ÄDTA-Lösung im Überschuß zugesetzt. Es wird auf ca. 100° erwärmt, dann mit 25—50 ml Ammoniumacetat-Essigsäure-Puffer von p_H 4 versetzt und unter fließendem Wasser auf ca. 40° abgekühlt. Nach Zufügen von 5 ml Dithizonlösung entsteht eine grünviolette Färbung. Da der Indikator wasserunlöslich ist, wird noch ein gleiches Volumen (200—250 ml) Äthanol, Methanol oder Azeton zugesetzt. Dann wird mit m/40 Zinklösung bis zum Umschlag nach Rot titriert.

2.34 Lösungen zur Al-Bestimmung

ÄDTA-Lösung: 18,605 g ÄDTA werden im 2-l-Kolben mit Wasser gelöst und aufgefüllt. 1 ml zeigt 1,2745 mg Al_2O_3 an.

Aluminiumlösung: 1/40m wird die Aluminiumlösung aus einem Präparat hergestellt, dessen Gehalt an Al berechnet und durch gravimetrische Bestimmung mit Oxin geprüft wurde.

Zinklösung: Diese wird aus grob gepulvertem Zink zur Analyse durch Lösen in verdünnter HNO_3 hergestellt. 1,6345 g Zn/L = 1/40 m.

Chromazurol S: 1 g Indikator in 100 ml Wasser lösen. Zusatz 1 ml/Titration.

Dithizon: 20 mg werden in 100 ml Äthanol gelöst. Zugabe 5 ml/Titration.

2.35 Die doppelte NaOH-Trennung

Beim Fehlen von Silbertiegeln wird aus dem Hauptfiltrat vom Karbonataufschluß die doppelte NaOH-Trennung ausgeführt: 50 ml vom Hauptfiltrat, mit 2 g Einwaage in 500 ml, werden mit Phenolphtalein und 2 n NaOH bis zum Umschlag des Indikators versetzt. Darüber hinaus werden noch 20—50 ml 2 n NaOH im Überschuß, je nach zu erwartendem Al-Gehalt, zugefügt. Die ausgefallenen Hydroxyde werden filtriert, ohne sie quantitativ auf das Filter (mittl.) zu bringen. Nach dem Waschen mit 2 n NaOH werden sie ins Fällungsglas zurückgegeben, mit HCl 1 : 1 gelöst und erneut, wie oben beschrieben, gefällt, mit 2 n NaOH gewaschen und dann entweder für weitere einzelne Bestimmungen gelöst oder verworfen.

Die alkalischen Filtrate werden vereinigt, mit HCl 1 : 1 angesäuert und, wie auf S. 536, 537 beschrieben, nach den verschiedenen Verfahren zur Titration vorbereitet und titriert.

2.36 Anwendung der titrimetrischen Al-Bestimmung

Das Dithizonverfahren versagt, wenn die Lösung vom Aufschluß her Silber enthält. Die Lösung reagiert dann sofort unter Violettfärbung (Ag-Dithizonat) und macht die Titration unmöglich. Chromazurol S als Indikator hilft hier weiter, wie bei verschiedenen Titrationen beobachtet werden konnte. Außerdem werden bei diesem Verfahren die organischen Lösungsmittel eingespart.

Beide Verfahren geben übereinstimmende Werte, wie Versuche an reinen Lösungen und an bekannten Substanzen zeigten.

In 200 ml Abnahme von 1000 ml mit 0,25 g Einwaage sind, bei 10% Al_2O_3 in der Substanz, 5 mg Al_2O_3 enthalten. 1 ml ÄDTA m/40 zeigt 1,2745 mg Al_2O_3 an. Eine Orientierung für den Ansatz der Titration bei bestimmten %-Gehalten ermöglicht die Tabelle. 20 ml ÄDTA-Überschuß sind jeweils vorgegeben.

mg Al_2O_3	ml m/40 ÄDTA-Verbrauch	ml m/40 ÄDTA-Überschuß	% Al_2O_3
5	4	16	10
10	8	12	20
15	12	8	30

Die gravimetrische Aluminiumbestimmung als Oxinat kann aus dem alkalisch aufgefüllten Aufschluß wegen des Kieselsäuregehalts bzw. wegen des Ausfallens der Kieselsäure beim Ansäuern und Einstellen von p_H 4 nicht angewandt werden.

Die titrimetrisch gefundenen Al_2O_3-Werte enthalten in technischen Analysen nicht mehr, wie allgemein üblich, $Mn_2O_3 + P_2O_5$ (+ TiO_2), fallen also, je nach deren Gehalten in der Probe, zu niedrig aus.

3. Titrimetrische Ca- und Ca-Mg-Bestimmung mit ÄDTA neben Fe, Al, Ti, Mn in Gegenwart von Triäthanolamin (R. PŘIBIL 1953, 1954, 1955)

3.1 Allgemeines

Zur Bestimmung von Ca und Ca + Mg wird die salzsaure Lösung eines Sodaaufschlusses, die mit Kieselsäure in einen Kolben zu 500 ml übergeführt und mit Wasser, bei hohen Titangehalten (3—6% TiO_2) mit HCl 1 : 1, aufgefüllt wird, benutzt. Nach dem Absitzen der Kieselsäure über Nacht erfolgen zwei Abnahmen von je 20—25 ml, 0,08—0,1 g Einwaage entsprechend. Man gibt je 100 ml Wasser, 2—5 g Triäthanolaminhydrochlorid und ca. 0,5 g Hydroxylaminhydrochlorid zu, um das Mn in der zweiwertigen Stufe zu erhalten. Der Zusatz von Triäthanolaminhydrochlorid reicht für 100 mg Oxyde von Fe + Al + Ti + Mn aus, bei 25 ml Abnahme sind das 100% Fe_2O_3. Nach der ersten Titration werden die Abnahmen evtl. vergrößert oder verringert, je nach dem Verbrauch von m/40 ÄDTA-Lösung.

3.2 Titrimetrische Ca-Bestimmung

Die wie unter 3.1 beschrieben vorbereitete Lösung wird zur Ca-Bestimmung mit zwei Tropfen Methylrot versetzt und mit 2 n NaOH neutralisiert, wozu ca. 100 ml erforderlich sind; darüber hinaus werden noch 20—40 ml 2 n NaOH und der Indikator zugesetzt. An Stelle des reinen Murexids wird ein Mischindikator aus Murexid und Fluorexon benutzt. Murexid ist 1 : 200 mit NaCl verdünnt, Fluorexon 1 : 100 mit KNO_3. Von der festen Murexidverdünnung werden 5 g mit 10 g der festen Fluorexonverdünnung gemischt und dieser Mischindikator (J. KÖRBL & F. VYDRA 1957, 1958; E. WOHLMANN, in Vorbereitung) in fester Form in geringer Menge zugesetzt. Der Umschlag erfolgt scharf von Rosa mit gelb-grüner Fluoreszenz nach reinem Rot; er ist schärfer als der Umschlag der Komponenten.

Die Einstellung der ÄDTA-Lösung erfolgt mit m/40 $CaCO_3$-Lösung mit dem Mischindikator.

3.3 Titrimetrische Ca-Mg-Bestimmung

Die nach den Angaben im Abschnitt 3.1 vorbereitete Lösung wird zur Ca-Mg-Bestimmung mit NH_4OH 1 : 1 unter Benutzung von zwei Tropfen Methylrot neutralisiert; wozu wegen des in der Lösung anwesenden Triäthanolaminhydrochlorids ein größeres Volumen erforderlich ist. Als Indikatoren stehen Phtalexon-Mix (G. ANDEREGG u. a. 1954), Thymolphtalexon (J. R. MUNGER u. a. 1950) oder Phtalexon-Mix + Thymolphtalexon (K. LINDNER 1955, 1956; G. ANDEREGG u. a. 1954; J. R. MUNGER u. a. 1950) zur Verfügung.

Phtalexon-Mix schlägt von Violett nach fast farblos um, Thymolphtalexon von kräftigem Blau nach ganz schwach Blau und Thymolphtalexon-Phtalexon-Mix von Violett nach farblos, vorausgesetzt, daß kein übermäßig großer Zusatz des Indikators erfolgt. Die ÄDTA-Lösung wird mit diesen Indikatoren gegen eine m/40 Calciumlösung eingestellt.

3.4 Anwendung des Verfahrens

Geringe Buntmetallgehalte können die Titrationen stören, indem sie den Indikator blockieren, von dem dann noch mehr zugesetzt werden muß. Hierdurch leidet aber die Schärfe des Umschlages. Durch eine kleine Abnahme, 20—25 ml statt 50 ml, wurde dieser Störeffekt verringert. Diäthyldithiocarbamat (K. GLEU & R. SCHWAB 1950) kann nur in alkalischer Lösung zur Fällung der Buntmetalle zugesetzt werden, nicht aber in ammoniakalischer, da sonst Eisencarbamat ausfällt. Bei höheren Gehalten an Buntmetallen, z. B. in den Kupferschiefern, muß eine Abtrennung derselben erfolgen (H. UNGETHÜM 1956). Die Titration von Ca und

Ca + Mg neben Fe, Al, Ti, Mn kann erst nach Abtrennung der Buntmetalle vorgenommen werden; möglicherweise müssen auch Fe, Al, Ti und Mn mit abgetrennt werden. Ausschlaggebend dafür sind die Gesamtzusammensetzung der Proben und die Konzentrationsverhältnisse in den Proben.

4. Schwefelbestimmung

4.1 Allgemeines

Die klassische Schwefelbestimmung in Silikaten ist sehr zeitraubend, weil sich nach einem alkalischen Aufschluß und wäßrigen Auszug ein großer Teil der Kieselsäure neben Sulfat in der Lösung befindet. Beim Ansäuren des wäßrigen Auszuges mit HCl 1:1 fällt eine mehr oder weniger große Menge Kieselsäure aus. Diese würde bei unmittelbarer Fällung des Sulfats als $BaSO_4$ mit filtriert und schließlich mit gewogen werden, wodurch der Sulfatgehalt erhöht würde.

4.2 Schwefelbestimmung

Nach Angaben von R. PŘIBIL (vgl. A. CASINI 1957) wird $BaSO_4$ von ammoniakalischer Chelaplexlösung in der Wärme gelöst, was zu einer Reinigung des Bariumsulfatniederschlages dienen kann. Es wurde daher das Sulfat neben der Kieselsäure, ohne Rücksicht auf deren Mitfiltration, gefällt und schließlich chelatometrisch bestimmt.

Das wie üblich gefällte $BaSO_4$ wird nach gründlichem Auswaschen mit verdünnter HCl sofort mit Filter (harte Filter) ins Fällungsglas zurückgegeben und mit 20—25 ml m/40 Chelaplex-III-Lösung (aus der Pipette) versetzt. Die Lösung wird nach Zusatz von zwei Tropfen Methylrot mit NH_4OH 1 : 1 neutralisiert, nach Zusatz von weiteren 20 bis 50 ml NH_4OH 1 : 1 zur Lösung des $BaSO_4$ warm gestellt. Die Lösung, die immer ammoniakalisch bleiben muß, wird hin und wieder gerührt, das Filter dabei zerrissen und auf Anwesenheit von Ammoniak geprüft. Das Auflösen dauert etwa zwei Stunden. Nach dem Abkühlen auf Zimmertemperatur wird nach Zusatz von 20 ml NH_4OH (1 : 1) und 20 ml Puffer (p_H 10) in Gegenwart von Eriochromschwarz T mit m/40 Zink- oder Magnesiumlösung von Blau bis zur ersten Violettfärbung titriert. Es kann auch ein anderer Indikator (S. 537) benutzt werden.

4.3 Anwendung des Verfahrens

Die Überprüfung des Verfahrens ergab gute Übereinstimmung mit dem klassischen Verfahren nach Abscheidung der Kieselsäure. Die Erfahrung zeigte, daß die Bariumsulfatniederschläge nicht altern dürfen, da sich dann die Löslichkeit verringert.

Nebenbei sei noch bemerkt, daß auch Schwerspat in ammoniakalischer Chelaplex-III-Lösung allmählich in Lösung gebracht werden kann.

Zusammenfassung

Verfasserin teilt ein Schnellverfahren zur Analyse einfacher Silikate mit, bei dem die Bestimmung der Kieselsäure photometrisch, die Bestimmung von Aluminium, Calcium, Magnesium und Schwefel chelatometrisch erfolgt. Kieselsäure, Aluminium und Schwefel werden aus einem Aufschluß mit NaOH bestimmt, während Calcium und Magnesium aus einem Karbonataufschluß ermittelt werden. Dieser gestattet auch die photometrische oder titrimetrische Bestimmung von Eisen, Titan, Mangan und Phosphorsäure.

Резюме

Сообщается об экспрессном методе для анализа простых силикатов. Определение кремнезема осуществляется фотометрическим путем, а алюминий, кальций, магний и сера определяются хелатометрическим путем. Кремнезем, алюминий и сера определяются из продукта, полученного при разложении с NaOH, между тем как кальций и магний устанавливаются из полученного при разложении с карбонатом продукта. Последнее разложение также позволяет фотометрическое или титриметрическое определение железа, титана, марганца и фосфорной кислоты.

Summary

The authoress informs about a rapid method designed to analyse silicates by photometric determination of silicic acid and chelatometric determination of aluminium, calcium, magnesium and sulphur. Silicic acid, aluminium and sulphur are determined from a dissolution with NaOH, while carbonate was used for the determination of calcium, and magnesium. In addition, this dissolution enables a photometric or titrimetric determination of iron, titanium, manganese and phosphoric acid.

Literatur

ANDEREGG, G., H. FLASCHKA, R. SALLMANN & G. SCHWARZENBACH: Ein auf Erdalkaliionen ansprechendes Phthalein und seine analytische Anwendung. — Helv. Chim. Acta, **37**, S. 113 (1954).

BALLCZO, H. & G. DOPPLER: Die maßanalytische Bestimmung kleiner Bariumsulfatmengen. — Mikrochim. Acta, S. 404, 1954.

BELCHER, R. & S. J. CLARK: Die Bestimmung von Fluorid durch Titration mit Calciumchlorid. — Analyt. chim. Acta, **8**, S. 222, Amsterdam 1953.

BERG, R.: Die Anwendung des o-Oxychinolins in der chemischen Analyse. — Bd. 34 der Sammlung: Die chemische Analyse, Verlag Enke, Stuttgart 1938.

BRUNCK, O. & R. HÖLTJE: Die Anwendung der Ätznatronschmelze in der analytischen Chemie. — Angew. Chemie, **45**, S. 331 (1932); Ref. in Z. anal. Chem., **94**, S. 340 (1933).

CASINI, A.: Eine volumetrische Methode zur indirekten Bestimmung von Sulfat. — Ref. in Z. anal. Chem., **156**, S. 447 (1957).

COREY, B. R. & M. L. JACKSON: Silikatanalyse durch ein schnelles halbmikrochemisches System. — Analyt. Chem., **25**, S. 624 (1953).

DITTLER, E.: Gesteinsanalytisches Praktikum. — Verl. de Gruyter, Berlin und Leipzig 1932.

FLASCHKA, H.: Über die Verwendung von Komplexon in der Maßanalyse. — Fortschr. chem. Forsch., **3**, S. 251—308, 299 (1954—1958).

FRESENIUS, W. & J. JANDER: Handbuch der analytischen Chemie III. — Verlag Springer, Berlin—Göttingen—Heidelberg 1940, Bd. IIa.

GLEU, K. & R. SCHWAB: Disubstituierte Dithiocarbaminate (Carbate) als Fällungsreagentien für Metalle. — Angew. Chem., **62**, S. 320—324 (1950).

HEDIN, R.: Colorimetric Methods for Rapid Analysis of Silicate Materials. — Proc. Shwedish Cementia, Concrete Research Inst., **8**, S. 110, Stockholm 1947.

HEMMELER, S.: Über die Verwendung von Formaldehyd zur Zerstörung von Ammoniumsalzen. — Ref. in: Z. anal. Chem., **103**, S. 362, (1935); **109**, S. 343; 270 (1937).

HILLEBRAND, W. F. & G. E. F. LUNDELL: Applied Inorganic Analysis. — Verl. John Wiley & Sons, New York 1950.

IRITANI, N. & T. TANAKA: Komplexometrische Sulfatbestimmung mit Bariumkomplexonat. — Jap. Analyst, **7**, S. 42—46 (1957); Ref. in Z. anal. Chem., **165**, S. 362 (1959).

JAKOB, J.: Chemische Analyse der Gesteine und silikatischen Mineralien. — Verl. Birkhäuser, Basel 1952.

KÖRBL, J. & R. PŘIBIL: Neue Metallindikatoren vom Komplexontyp. — Chem. Listy, **51**, S. 1814—1818 (1957); Ref. in Z. anal. Chem., **158**, S. 210 (1957); **161**, S. 369 (1958).

KÖRBL, J. & F. VYDRA: Der neue Indikator Fluoresceinkomplexon. — Chem. Listy, **51**, S. 1457—1461 (1957); Ref. in Z. anal. Chem., **161**, S. 200 (1958).

LANGE, J.: Die Anwendung moderner Analysenverfahren bei der Untersuchung von Glasrohrstoffen und Gläsern. — Silikattechn., **7**, S. 354 (1956).

LEO, R.: Über ein Schnellverfahren zur Untersuchung von Silischlacken, Schamotten, feuerfesten Massen und Steinen, Tonen usw. — Silikattechn. 3, S. 205—213 (1952).

LINDNER, K.: Zusatz der Komplementärfarbe zur Verbesserung des Indikatorumschlages. — Z. Lebensmittel-Unters. und Forsch., 102, S. 37 bis 39 (1955); Ref. in Z. anal. Chem., **149**, S. 131 (1956).

MUNGER, J. R., R. W. NIPPLER & R. S. INGOLS: Volumetrische Bestimmung von Sulfation. — Analyt. Chemie, **22**, S. 1455 (1950).

PŘIBIL, R.: Komplexometrische Titrationen mit Murexid als Indikator. — Chem. Listy, **47**, S. 1333—1337 (1953); Ref. in Z. anal. Chem., **142**, S. 456 (1954).

— Komplexometrische Titration mit Eriochomschwarz T als Indikator. — Chem. Listy, **48**, S. 382—385 (1954); Ref. in anal. Chem., **147**, S. 541 (1955).

PŘIBIL, R. & D. MARICOVA: Die gewichtsanalytische Bestimmung von Barium oder von Sulfat als Bariumsulfat. — Chem. Listy, **46**, S. 542 (1952); Ref. in Z. anal. Chem., **140**, S. 377 (1953).

RADMACHER, W. & W. SCHMITZ: Analytische Schnellmethoden zur Untersuchung von Brennstoffasche. — Brennstoff-Chem., **38**, S. 225 (1957); Ref. in Z. anal. Chem., **161**, S. 210 (1958).

RITTER, H.: Die neuzeitliche quantitative Glasanalyse. — Glastechn., Ber. **9**, S. 665—671 (1931).

ROBITSCHEK, J.: Zur chemischen Analyse der Silikate. — Sprechsaal, **61**, Nr. 13 und 14 (1928).

SCHWARZENBACH, G.: Die komplexometrische Titration. — Bd. 45 der Sammlung: Die chemische Analyse, Verl. Enke, Stuttgart 1956.

SHAPIRO, L. & W. W. BRANNOCK: Rapid Analysis of Silicate Rocks. — Bulletin 1036 des Geological Survey, Washington, USA.

SHUGART, P. L.: Spectrophotometer verkürzt die Laborarbeitszeit von sechs Stunden auf eine Stunde bei Silikatanalysen. — Rock Produkts, 57, S. 92—94 (1954).

SIJDERIUS, R.: Eine direkte titrimetrische Bestimmung von Barium mit EDTA. — Analyt. chim. Acta, **10**, S. 517 (1954).

STARCK, G. & A. THORIN: Die quantitative Bestimmung des Fluors als Calciumfluorid. — Z. anal. Chem., **51**, S. 14 (1912).

THEIS, M.: Die direkte maßanalytische Bestimmung des Aluminiums mit Äthylendiamintetraessigsäure (Komplexon III). — Z. anal. Chem., **144**, S. 106—108 (1955).

TISCHER, J.: Z. Pflanzenern. u. Bodenkunde, Teil A, **33**, S. 192 (1934).

UNGETHÜM, H.: Über die Ionenaustauscher, ein neueres Hilfsmittel in der analytischen Chemie. – Z. angew. Geol., **2**, S. 264–267 (1956).
VOGEL, E.: Moderne Analysenverfahren in der Zementindustrie. – Silikattechn., **8**, S. 287 (1957).
WALLRAF, M.: Kolorimetrische Bestimmung von Aluminium, Eisen und Titan in Zementen. – Zement; Kalk, Gips, **9**, S. 186 (1956).
WÄNNINEN, E. & R. RINGBOM: Komplexometrische Titration von Aluminium. – Analytica chim. Acta, **12**, S. 308 (1955).
WASHINGTON, H.: Chemical Analysis of Rocks. – New York – London 1930.
WEISS, H. & R. SIEGER: Die Fällung der Kieselsäure durch Gelatine. – Z. anal. Chem., **119**, S. 245 (1940).
WILLARD, H. & L. H. GREATHOUSE: Kolorimetrische Manganbestimmung mit Hilfe von Kaliumperjodat. – J. Am. Chem. Soc., **39**, S. 2366 (1917); vgl. H. WASHINGTON, 1930, S. 250 bzw. E. DITTLER 1933, S. 50.
WOHLMANN, E.: Beitrag zur Kalk-, Dolomit- und Silikatanalyse: Die Trennung von Calcium und Magnesium. – Geol., **3**, S. 933, (1954).
– Beiträge zur Silikatanalyse: Eisen- und Titanbestimmung durch Titration. – Z. anal. Chem., **142**, S. 89 (1954).
– Über die Anwendung neuer Indikatoren der Chelametrie in der Erz- und Silikatanalyse. – In Vorbereitung.
Round Table Discussion: Silicate Analysis. – Analyt. Chem., **24**, S. 196 (1952).

Beitrag zur Schaumspat- und Vateritbildung[1]

Mitteilung aus dem Mineralogisch-Petrographischen Institut und Museum der Humboldt-Universität Berlin

WOLFGANG WILDE, Berlin

Schaumspat oder auch Schaumkalk, vereinzelt auch Schaumerde genannt, ist eine Pseudomorphose von Aragonit ($CaCO_3$) nach Gips ($CaSO_4 \cdot 2H_2O$), wie schon von G. ROSE beschrieben wurde. Schaumspat tritt im deutschen Zechstein, und zwar hauptsächlich in der Umgebung des Harzes auf. Fundorte sind Lauterberg, Ilfeld, Benzingerode, Mansfeld. Auch ist Schaumspat aus der Gegend von Gera, hier zum großen Teil aus den dolomitischen Einlagerungen der Letten des oberen Zechsteins, und vom Meißner in Hessen (in einem Tonlager, das zum Muschelkalk gehört) bekannt.

Diese ihrer Verbreitung nach bedeutungslosen Vorkommen werden dadurch interesssant, weil der ursprünglich vorhandene Gips durch karbonathaltige Wässer in, vorsichtig ausgedrückt, $CaCO_3$ umgewandelt wird. In vieler Hinsicht wichtig ist die Austauschreaktion SO_4^{2-} durch CO_3^{2-}.

An Proben aus Gera und vom Meißner (Hessen) konnte durch Röntgenaufnahmen nachgewiesen werden, daß sich der Gips vollständig in Aragonit umgewandelt hat. Zur Klärung dieser Kristallreaktion wurde versucht, die Umwandlungsvorgänge nachzuahmen. Das Ausgangsprodukt bildeten Gipskristalle aus dem Septarienton bei Wiesloch (Baden). Die von diesen Gipskristallen mit einer Rasierklinge nach (010) abgespaltenen dünnen Plättchen wurden bei verschiedenen Temperaturen mit Na_2CO_3-Lösungen behandelt, wobei die Konzentration der CO_3^{2-}-Ionen in weiten Grenzen variierte. Zur Temperaturkonstanthaltung diente ein mit einem Aufsatz für mehrere Bechergläser versehener Thermostat. Auf diese Weise konnten mehrere Proben unter exakt gleichen Bedingungen umgewandelt werden. Zuerst wurden Na-Karbonate mit hohem Kristallwassergehalt verwendet (besonders $Na_2CO_3 \cdot 10\,H_2O$). Diese sind stark wasserlöslich, wobei die Löslichkeit mit der Temperatur ansteigt. Übersättigung der Lösung wurde erreicht, indem jeweils bei höherer Temperatur gesättigt wurde, als der tatsächlichen Versuchstemperatur entsprach. Die Temperatur wurde im Bereich von 20–55°C variiert (Versuche mit 5° Intervall ausgeführt), ebenso die Umwandlungsdauer von 10 Minuten bis zu 6 Stunden. Erstaunlicherweise entsprach das Ergebnis dieser Untersuchungsreihe nicht den Vermutungen; es entstand nämlich in allen Fällen Vaterit. Während bei den kurz behandelten Proben (10 min) der Hauptanteil noch Gips war, hatte sich bei einer Umwandlungsdauer von 1 Stunde das Gipsblättchen vollständig in Vaterit umgebildet. Dieses Versuchsergebnis bedeutet einen Widerspruch zu der sog. ROSEschen Regel, nach der bei niedrigen Temperaturen (bis 30° C) stets Calcit, im Bereich von 30–70° C Calcit und Aragonit und darüber nur Aragonit beständig sein soll. Da aber damals der Vaterit (μ-$CaCO_3$) noch nicht bekannt war und Aragonit fast nur durch Bestimmung des spezifischen Gewichtes sowie mit Hilfe der MEIGENschen Reaktion nachgewiesen wurde, ist es erklärlich, daß der Vaterit, der, mit Kobaltabsolution gekocht, sich ebenfalls violett färbt, übersehen wurde.

Die eigentlichen Entstehungsbedingungen des Vaterits sind noch weitgehend unerforscht. Er konnte in Gastropodenschalen nachgewiesen werden, jedoch stellt er eine metastabile Phase dar, die sich im Laufe der Zeit in Aragonit umwandelt. Nur aus stark übersättigten Lösungen ist eine Vateritkristallisation möglich. Seine Struktur ist eine Variante des NiAs-Typs. Häufig als hexagonal angesehen, scheint er trotzdem rhombische Symmetrie zu zeigen. Nach neueren Untersuchungen (H. J. MEYER) hat er die Raumgruppe D_{2h}^{16}-Pbnm, also dieselbe Raumgruppe, die auch dem Aragonit zukommt. Bei einem Vergleich der Strukturparameter nach Umrechnung auf das internationale Standardsymbol haben Aragonit und Vaterit die Ca^{2+}-, die CO_3^{2-}-Lagen sowie eine Sauerstofflage bis auf äußerst geringe Unterschiede gemeinsam. Lediglich zwei Sauerstofflagen weichen stark voneinander ab. Dadurch läßt sich die Umwandlung von Vaterit in Aragonit leicht erklären; denn es müssen sich ja nur zwei Sauerstoffe umordnen. Allerdings ist es verblüffend, daß die Gitterkonstanten keinerlei Ähnlichkeiten aufweisen.

Häufig wird bei Gitterparameteranalogie, eine der Voraussetzungen für Epitaxie und Topotaxie, von Unterlage und aufwachsendem Kristall das Aufwachsen begünstigt, und es tritt eine Orientierung des Kristalls zur Unterlage auf.

Diese Möglichkeit sollte auch im Falle der Umwandlung Gips → Aragonit bzw. Vaterit nachgeprüft werden. Es tritt zwar eine Orientierung des Vaterits auf der (010)-Fläche des Gipses auf, wahrscheinlich $(010)_{Gips} \| (110)_{Vaterit}$, jedoch läßt sich keine Gitterähnlichkeit feststellen (Röntgengoniometer-Aufnahmen, nur Auftreten der Vateritreflexe 220 und 020). Deshalb müßte nachgewiesen werden, wie die Reaktion vor sich geht. Es könnte eine Diffusionsreaktion in Betracht gezogen werden, wobei aus dem Gipskristall die SO_4^{2-}-Ionen heraus- und aus der Lösung die CO_3^{2-}-Ionen in diesen hineindiffundieren. Die Ca^{2+}-Ionen blieben davon unberührt. Ein Strukturvergleich von Gips und Vaterit (nur Strukturvorschlag) zeigt aber, daß auch die Ca^{2+}-Ionen erheblich umgruppiert werden müßten. Im Gegen-

[1]) Eingang des Manuskripts in der Redaktion: 21. 7. 1961

satz dazu steht die Umwandlungsgeschwindigkeit. Ein 2—3 mm dickes Gipsblättchen wandelt sich je nach Karbonatkonzentration in 0,5 bis 2 Stunden in Vaterit um, also in einer für Diffusionsvorgänge wohl zu kurzen Zeit. Die wahrscheinlichere Möglichkeit der Vateritbildung ist eine einfache Auflösung und Wiederauskristallisation. $CaSO_4 \cdot 2H_2O$ ist in Wasser etwas löslich, dieses enthält also jetzt Ca^{2+}-, Na^+-, SO_4^{2-}- und CO_3^{2-}-Ionen. Da das $CaCO_3$ aber die bedeutend schwerstlösliche Verbindung dieses Systems ist, kristallisiert sie aus. Da direkt über dem sich auflösenden Gipskriställchen die Konzentration der Ca^{2+}- und der CO_3^{2-}-Ionen sehr stark ist, wird sich das $CaCO_3$ auf dem Gipsblättchen abscheiden. Durch Vororientierung der ankommenden Partikel (Ionen) läßt sich auch eine Orientierung des $CaCO_3$ auf der relativ glatten Unterlage erklären, ohne daß irgendwelche Gitterähnlichkeiten in Anspruch genommen werden müssen.

Dieser plausiblen Erklärung steht allerdings immer wieder die vorrangige Bildung des instabilen Vaterits entgegen. Nach McCONNELL erhält nämlich eine metastabile Phase eine beträchtliche Stabilität, wenn einerseits eine hohe Übersättigung vorliegt, andererseits aber auch durch Einfluß der Struktur des Reaktionspartners, falls die Reaktion sich innerhalb des Kristallzustandes abspielt. Die endgültige Entscheidung könnte also nur durch die Bestimmung der Umwandlungsgeschwindigkeit, die mit der für CO_3^{2-}-Ionen berechneten Diffusionsgeschwindigkeit im Kristall verglichen wird, wobei man die Umordnungszeit für Ca^{2+}-Ionen berücksichtigen müßte, gefällt werden.

Auch bei Versuchen mit wasserfreiem Na_2CO_3 konnte bei hoher Konzentration Vateritbildung festgestellt werden.

Da in der Natur jedoch nicht ständig mit hochkonzentrierten wäßrigen Lösungen zu rechnen ist, wurde bei den folgenden Versuchen die CO_3^{2-}-Ionenkonzentration herabgesetzt (s. Tab.).

Abhängigkeit des Endproduktes von Temperatur und Konzentration

Grad Celcius	g Na_2CO_3/100 g H_2O	p_H-Wert	Endprodukt
30	kalt gesättigt, 18°C	10,6	Vaterit
44	,,	10,6	Vaterit
50,6	,,	10,6	Vaterit
60	,,	10,5	Vaterit + Calcit (10%)
35,9	65	10,6	Vaterit + Calcit (10%)
35,9	32,5	11,6	Vaterit + Calcit (20%)
35,9	8,5	11,9	Vaterit + Calcit (35%)
35,9	3,5	11,9	Vaterit + Calcit + Aragonit

Diese Tabelle soll als Beispiel für mehrere andere dienen. Die Calcitbildung wurde einwandfrei durch das Auftreten des charakteristischen Calcit-Reflexes bei 3,03 Å ermittelt. Dieser Reflex (104) wird in der Literatur mit einer Röntgenintensität von 100 angegeben.

Außer dem Auftreten von Calcit wird durch die geringere CO_3^{2-}-Konzentration die Umwandlungsgeschwindigkeit herabgesetzt.

Nach einer Behandlung von wenigen Minuten ist festzustellen, daß die Umwandlung von Störstellen auf der Kristalloberfläche, z. B. von dem etwas gesplitterten Rand oder Kratzern, ihren Ausgang nimmt, dann allmählich die ganze Kristalloberfläche bedeckt.

Versuche mit Lösungsgenossen

In natürlichen Wässern kommen neben den hauptsächlich vorhandenen Ionen auch mehr oder weniger große Anteile anderer Ionenarten vor, die schon durch ihr Vorhandensein in Spuren eine Reaktion beeinflussen können. So wird z. B. die Löslichkeit der Natriumkarbonat-Hydrate durch die Anwesenheit anderer Na-Salze herabgesetzt. Daher wurde den vorher verwendeten Lösungen NaCl hinzugefügt. Dieser Zusatz wirkt sich bei höherer Konzentration nicht aus, während sich bei etwas geringeren Konzentrationen der Calcitanteil erhöht (von etwa 10 auf 20%), und bei ganz geringen Konzentrationen auch die Aragonitbildung einsetzt, so daß alle drei $CaCO_3$-Modifikationen nebeneinander auftreten.

Bei einem Zusatz von $MgCO_3$ entstand bei geringer Konzentration von Na_2CO_3 (3,5 g Na_2CO_3/100 g H_2O) bei einem p_H-Wert von 10,2 zum großen Teil Aragonit mit etwas Calcitbeimischung. Ein Zusatz von optisch aktiven Substanzen, in diesem Fall d- und l-Alanin, brachte überraschend eine Erhöhung der Umwandlungsgeschwindigkeit, die aber noch nicht ausreichend interpretiert werden kann.

Schlußfolgerungen

Soda entsteht in der Natur durch Zusammentreffen von Kohlensäure, Kalk und Natriumsulfat. Vorhandene Gipskristalle werden durch sie angegriffen und bei Temperaturen von 40—50°C, wenn außerdem noch Cl^- und Mg^{2+}-Ionen vorhanden sind, in Aragonit umgewandelt.

Bei Fehlen dieser Ionen entsteht, wie die Versuche zeigen, Vaterit, der allerdings im Laufe größerer Zeiträume infolge seiner Instabilität in Aragonit übergehen kann.

(Eine ausführliche Veröffentlichung erfolgt an anderer Stelle.)

Zusammenfassung

Gipsplättchen wurden bei verschiedenen Temperaturen mit Na_2CO_3-Lösungen wechselnder Konzentration behandelt. Bei hohen Konzentrationen bildete sich Vaterit, der zur Gipsunterlage vermutlich folgende Orientierung besitzt: $(010)_{Gips} \parallel (110)_{Vaterit}$. Bei sinkender Karbonationenkonzentration tritt zwischen 30 bis 40° C Calcit- und später Aragonitbildung auf. Durch Zusatz von Lösungsgenossen, z. B. NaCl und $MgCO_3$, wird die Calcitbildung, durch $MgCO_3$ auch die Aragonitbildung, begünstigt. Auf diese Weise läßt sich eventuell die Schaumspatbildung erklären, allerdings müßte hierbei der herrschende CO_2-Partialdruck berücksichtigt werden. Eine Versuchsreihe mit variiertem CO_2-Druck könnte wohl endgültig darüber Aufschluß geben, wie es zu der relativ seltenen, aber sehr interessanten Pseudomorphose Schaumspat gekommen ist.

Резюме

Листочки гипса обрабатывались при различных температурах с растворами Na_2CO_3 изменяющейся концентрации. В условиях высоких концентраций образовался фатерит, обладающий вероятно следующей ориентировкой к гипсовым листочкам: $(010)_{гипс} \parallel (110)_{фатерит}$.

При уменьшающейся концентрации карбонатных ионов в температурном интервале от 30—40° Ц образуется кальцит, позже арагонит. Добавление различных компонентов к раствору, например NaCl и $MgCO_3$, благоприятствует образованию кальцита; добавление $MgCO_3$ также содействует образованию арагонита. Таким образом, возможно, объясняется образование пенного шпата, но требовалось бы при этом, конечно, учитывать существующее частное давление CO_2. Опытная серия с изменяющимися давлениями CO_2 могла бы в конечном счете дать ответ на вопрос, каким образом возник псевдоморфоз ,,пенный шпат'', являющийся относительно редким, но зато очень интересным явлением.

Summary

Gypsum folia treated at different temperatures with solutions of Na_2CO_3 of varying concentration have led to the formation of vaterite in high concentrations presumably showing the following orientation with regard to the gypsum basis: $(010)_{gypsum} \parallel (110)_{vaterite}$. At decreasing concentration of carbonate ions calcite and later on aragonite is formed between 30 and 40 °C. By addition of solution associates, e. g. NaCl and $MgCO_3$, the formation of calcite is supported, while $MgCO_3$ also encourages that of aragonite. Thus the formation of foam spath may be explained, which means, however, that the prevailing partial pressure of CO_2 must be considered. A final explanation of the relatively rare, but very interesting pseudomorphosis schaumspat may be given by a test series of varying CO_2 pressure.

Literatur

D'ANS, J. & D. BREDTSCHNEIDER: Untersuchungen über Calciumsulfate. — Kali und Steinsalz, H. 9, S. 17–38, 1955.

CONNEL, MC.: Vaterit von Ballycraigy, Larne, Nordirland. — Mineralogical Magazine, **32**, S. 535–544 (1960).

ELLIS, A. J.: Die Löslichkeit von Calcit in CO_2-Lösungen. — American Journal of Science, **257**, S. 354–365 (1959).

HINTZE, C.: Handbuch der Mineralogie I, Teil 1. — Verl. Veit & Co, Leipzig 1904, S. 2959–3022.

JOST, B. W.: Diffusion — Methoden der Messung und Auswertung. — Verl. Dr. Steinkopf, Darmstadt 1957.

KLEBER, W.: Zweidimensionale Keimbildung bei Adsorption. — Z. Kristallographie, **109**, S. 467–471 (1957).

KÖHLER, E.: Über die Entstehung von Schaumspat und Dolomit. — Chemie der Erde, **6**, S. 257–258 (1931).

MAYER, F. K.: Röntgenographische Untersuchungen über Modifikationen des Calciumkarbonats in Gastropodenschalen. — Chemie der Erde, **6**, S. 239–252 (1931).

MEYER, H. J.: Über Vaterit und seine Struktur. — Fortschritte der Mineralogie, **38**, S. 186 (1960).

MIYAKE, S.: Reaktion des Gipses mit Sodalösung. — Journal of Chemica Society, Japan, **61**, S. 1608 (1958).

VATER, H.: Ein Beitrag zur Kenntnis der Umsetzungen zwischen Calciumcarbonat und Alkalisulfat sowie über die Bildung der Alkalicarbonate in der Natur. — Z. Kristallographie, **30**, S. 373–386 (1899).

WETZEL, W.: Über Schaumspat. — Neues Jb. Min., Geol., Paläont., Bd. II, S. 63–79 (1910).

WOOSTER, W. A.: Über die Kristallstruktur von Gips. — Z. Kristallographie, **94**, S. 375–396 (1936).

Zur erdölgeologischen Terminologie

RUDOLF MEINHOLD, Freiberg (Sa.)

F. WEGERT (1961) hat in dieser Zeitschrift anhand sowjetischer Literatur einige erdölgeologische Begriffe einer Prüfung unterzogen. Diesem Bemühen muß man zustimmen, wenn auch einiges um der Klarheit willen nicht unwidersprochen bleiben kann.

Zur wissenschaftlichen Begriffsbildung sei gesagt, daß es ratsam ist, eingeführte Begriffe nicht umzudeuten. Da aber die Wissenschaft ununterbrochen weiterschreitet, werden immer neue Begriffe erforderlich. Man kann nun auf zwei Weisen vorgehen: Entweder schafft man für jeden neuen Begriffskomplex immer neue Namen und läßt die alten fallen, oder man benutzt die alten mit unterscheidenden Beifügungen weiter. Oftmals erweist sich der bisherige Begriff als aus komplexen Teilen zusammengesetzt; und wenn der bisherige Begriff nicht auf irrige Auffassungen zurückgeht, kann er als Oberbegriff beibehalten werden, erhält aber unterscheidende Adjektive oder Beifügungen. Auf diese Weise wird die wissenschaftliche Sprache allgemeinverständlich und biegsam. Nur für völlig neue Begriffe sind dann neue Namen erforderlich.

Die Spezialisierung, die Unterteilung der Wissenschaft in immer engere Disziplinen begünstigt immer stärker auch die Atomisierung der wissenschaftlichen Sprache. Je kleiner die Disziplin, desto mehr entsteht der Wunsch, jede Erscheinung mit einem eigenen Namen zu belegen. Es entsteht eine Spezialistensprache, die der Zusammenarbeit aller Disziplinen sehr hinderlich sein kann. Wozu dies führt, zeigt z. B. eine neuere bodenkundliche Klassifikation, bei der ca. 15 Variable zu etwa 50 Namen kombiniert werden, die höchstens noch der engste Spezialist beherrschen kann, ein anderer müßte zum Lesen einer solchen Arbeit eine lange Tabelle benutzen. Und wenn neue Variable als günstig erkannt werden? Dann müßten das ganze System umgebaut und vielleicht 70 neue Namen geschaffen werden.

Definition der erdölgeologischen Begriffe

1. Lagerstätte. Im deutschen Sprachgebrauch ist eine Lagerstätte eine wirtschaftlich nutzbare Ansammlung von Mineralien oder Gesteinen. Es ist hierbei unwichtig, ob diese Lagerstätte aus einem oder aus mehreren Teilen besteht. Nach dem Grundsatz der Priorität kann man den Begriffsinhalt nicht ohne weiteres abändern, zumal er auch nicht neuen wissenschaftlichen Erkenntnissen widerspricht. Niemand wird es uns verwehren, wenn wir die „Lagerstätte“ in „Lagerstättenteile“ oder „Teillagerstätten“ gliedern, ein Irrtum ist dabei ausgeschlossen. Ein „Erdölfeld“ ist im deutschen Sprachgebrauch eine wirtschaftliche Einheit, es kann einen Teil einer Lagerstätte decken oder mehrere Lagerstätten umfassen. Wir müssen daher als Lagerstätte eine Akkumulation betrachten, die eine gewisse geologische Einheit bildet, aber verschiedenartige vorgefundene Fallen füllen kann. Es wird z. B. niemandem einfallen, ein Erzvorkommen, das aus Gangfüllung, stockförmigem Körper und Imprägnationen besteht, in drei verschiedene Lagerstätten aufzugliedern. Es gibt also mit Recht Antiklinallagerstätten und Salzstocklagerstätten. Daß Verf. in seiner von WEGERT zitierten Arbeit „Antiklinale“ mit Lagerstätte gleichgesetzt haben soll, ist ihm bisher unbekannt geblieben, dürfte also ein Irrtum von WEGERT sein.

2. Speicher. Die von WEGERT zitierte Definition des Speichers in der Sowjetunion ist auch im Deutschen brauchbar. Unnötig erscheint es aber, daraus noch ein „natürliches Reservoir“ abzuleiten. Dieser Begriff kann entfallen, er ist außerdem irreführend.

3. Falle. Die Definition einer Falle erfordert eine etwas eingehendere Begründung. Migration und Akkumulation von Öl und Gas sind physikalische Vorgänge, die in einem Potentialfeld stattfinden. Jedes Teilchen im Erdinnern hat ein Potential, das aus drei Hauptgliedern besteht, und zwar aus a) dem Schwerefeld, b) dem Spannungsfeld, das durch den hydrostatischen und hydrodynamischen Druck verursacht wird, und c) der Kapillardruckverteilung. Mathematisch ausgedrückt ist das Potential

$$\Phi = \frac{g}{\rho} + \frac{\Delta p}{\rho} - \frac{pc}{\rho}$$

(g = Schwerebeschleunigung, ρ = Dichte des betr. fließenden Stoffes, Δp = Druckunterschied, pc = Kapillardruckunterschied). Jedes dieser drei Glieder ist bei der Migration und Akkumulation des Öles oder Gases wirksam. Nur diese Potentialbeziehungen können den Begriff Falle definieren. Denn einem allgemein gültigen Naturgesetz zufolge versucht jedes Teilchen, solange es beweglich ist, die energieärmste Lage einzunehmen, d. h., es versucht in Richtung des größten Potentialgefälles zu wandern, um eine Stelle relativ kleinsten Potentials zu finden. Das bedeutet aber, daß an dieser Stelle auch die einzelnen Glieder des Potentials möglichst ein Minimum werden, daß sowohl Auftrieb, hydrostatischer und hydrodynamischer Druck und die Kapillarkräfte einen minimalen Wert besitzen. Man kann aber nun keinesfalls eine Falle als einen Ort definieren, an dem nur noch die Schwerkraft wirksam ist, d. h., die letzten Glieder des Potentials Null sind. Damit würden nämlich zumindest alle lithologischen Fallen nicht erfaßt werden. Die Definition muß lauten: Eine Falle ist ein Bereich relativ niedrigsten Potentials für Öl oder Gas.

Klassifikation der Erdölfallen

Aus dem Vorhergehenden ergibt sich nun eine logische Einteilung der Erdölfallen. Da Migration und Akkumulation physikalische Vorgänge sind, kann man auch nur physikalische Prinzipien für die Einteilung benutzen. Eine weitere Unterteilung nach morphologischen Gesichtspunkten ist dann möglich.

Beim Betrachten des Potentialgesetzes ist erkennbar, daß das erste Glied von der Lage im Schwerefeld abhängt und sich daher nicht für eine Klassifikation eignet. Es würde nur eine Unterscheidung nach der Tiefenlage erfolgen. Gut geeignet sind dagegen die beiden letzten Glieder. Nur in wenigen Fällen wird eins dieser Glieder Null; denn es treten kaum reine Typen auf. Bei der Einteilung soll der Teil des Potentials mit dem überwiegenden Einfluß den Namen geben. Es werden also die Fallen, die ein relatives Druckminimum darstellen, von denen unterschieden, die durch ein relatives Kapillarkraftminimum gebildet werden. Dabei ist nicht zu vergessen, daß in die Potentialformel die Dichten eingehen; es braucht also eine Falle für Öl noch keine für Gas zu sein oder umgekehrt. Der Druck setzt sich zusammen aus dem hydrostatischen Druck und unter Umständen aus einer hydrodynamischen Komponente, gelegentlich kann auch der Gebirgsdruck mitwirken, der jedoch bei der Klassifikation nicht verwendet werden soll. In speziellen Fällen könnte er als Zusatz erläuternd erwähnt werden. Die Typen, bei denen kein Überwiegen der einen oder anderen Komponente auftritt, wären einer Gruppe kombinierter Typen zuzuweisen.

Unter Verwendung eingeführter Namen ergäbe sich dann folgende Klassifikation:

1. Strukturelle Fallen (Zonen relativ kleinsten Druckes)

a) Hydrostatisch geschlossene Fallen
Dazu gehören z. B. Antiklinalscheitel, Dome, Verwerfungen, Überschiebungen, Transgressionsfallen, Salzstockflanken und -scheitel, Kombinationen aus diesen Strukturen sowie alle hydrostatisch geschlossenen Schichtverbiegungen.

b) Hydrodynamisch geschlossene Fallen
Antiklinalscheitel, Dome, Salzstockscheitel und sonstige Schichtverbiegungen mit hydrodynamisch verursachten, geneigten Öl-Wasser-Kontakten.

2. Lithologische (stratigraphische) Fallen (Zonen relativ kleinsten Kapillardruckes)

Dazu gehören: Sandlinsen in Tonen, Kluftzonen, shoestring-Sande, Zonen mit primär oder sekundär erhöhter Porosität in dichten Gesteinen, Riffe, Permeabilitätsänderungen durch Zementierung der Gesteinsporen, alte Sandbarren und ähnliche Strukturen erhöhter Permeabilität und Porosität.

3. Kombinierte Fallen

Alle denkbaren Kombinationen zwischen den Gruppen 1.) und 2.), z. B. Permeabilitätsänderung an einer Antiklinale, Kluftzone über einem Salzstockscheitel und ähnliches.

Jede Falle ist ein Individuum, und man müßte, wollte man jeden Typ mit einem Namen belegen, fast ebenso viele Namen wie Fallen schaffen. Das ist jedoch unzweckmäßig und hinderlich. Es ist auch unzweckmäßig, wie es in einigen sowjetischen Klassifikationen geschieht, zwischen „schichtigen" und „massiven" Lagern zu unterscheiden. Dann müßte man nämlich zusätzlich festlegen, ab welche Mächtigkeit man eine Lagerstätte als „massiv" betrachten will.

Die bei der obenvorgeschlagenen Einteilung gewählten Namen entsprechen nur mit kleinen Abweichungen den Gruppierungen, wie sie bereits von den meisten Erdölgeologen verwendet werden. Sie kann also keine Verwirrung schaffen. Die Definitionen ermöglichen aber eine größere Sicherheit bei der Einordnung.

Für den weitgehend eingeführten Namen „stratigraphische Fallen", der die 2. Gruppe charakterisiert, sollte man besser die Bezeichnung „lithologische Falle" wählen. Bleibt jedoch der alte Name bestehen, muß man sich wenigstens über den Begriffsinhalt einigen; denn nicht die Namen sind wichtig, sondern die Verständigungsmöglichkeit.

Das hier vertretene System erscheint logisch und anpassungsfähig und gestattet, mit ein oder zwei kurzen Sätzen eine Falle allgemein verständlich zu beschreiben, z. B.: „Lithologische Falle in einer Zone sekundärer Porosität an der Flanke einer Aufwölbung" oder: „Kombinierte Falle über dem Scheitel eines Salzstockes in zerklüfteter Zone eines Kalksteins". Man braucht dazu keine neuen Namen und Begriffe zu lernen.

Das Primat bei allen Beschreibungen hat die Falle und deren Füllung. Eine Lagerstätte kann aus der Füllung verschiedener Fallen bestehen oder auch aus nur einer einzigen Falle. Besteht die Lagerstätte nur aus einer Falle, wird man sie nach dem Typ der Falle benennen, besteht sie aus verschiedenen Fallen, mit dem Namen der geologisch-strukturellen Einheit. Man kann dann abgekürzt von „Antiklinallagerstätten", „Salzstocklagerstätten", „Diskordanzlagerstätten" usw. sprechen.

Es erscheint deshalb etwas übertrieben, die drei Namen Falle, Lagerstätte und Erdölfeld als „Grundlage der Erkundung" zu betrachten. Die Aufgabe der Erkundung ist es einzig und allein, Fallen zu finden, und zwar möglichst solche, die mit Öl oder Gas gefüllt sind. Darüber müssen einheitliche Vorstellungen bestehen. Auf Grund dieser Vorstellungen kann man dann auch entscheiden, ob in einer bestimmten Struktur verschiedene Fallen oder eine Kombination von Fallen möglich sind, die dann eine Lagerstätte oder ein Feld bilden.

Zusammengefaßt ist es für den Erkundungsgeologen wichtig zu wissen:

1. Ist ein Speicher vorhanden?
2. Wenn ja, bildet er eine oder mehrere Fallen und welche?
3. Ist, wenn vorhanden, die Falle gefüllt und womit?

Es bleibt ihm dann überlassen, Fallen, die eine geologische Einheit bilden und gefüllt sind, deren Füllungen höchstwahrscheinlich genetisch zusammenhängen, zu

Lagerstätten zusammenzufassen oder auch zu Feldern. Auf den Gang der Erkundung hat dies aber keinen Einfluß.

Zusammenfassung

Verf. unterzieht die von WEGERT vorgeschlagenen Definitionen einer Kritik. Er kommt dabei zu der Auffassung, daß eine Lagerstätte nach deutschem Sprachgebrauch nicht nur die Füllung einer Falle zu sein braucht. Die Falle wird definiert als eine Zone relativ kleinsten Potentials, und auf dieser Grundlage wird eine Einteilung der Fallen nach physikalischen Gesichtspunkten vorgeschlagen. Auf die Erkennung der Fallen kommt es an, sie sind Gegenstand der Erkundung und haben die Priorität in der Namensgebung.

Резюме

Автор подвергает критике предложенные ВЕГЕРТом определения некторых терминов. Он высказывает мнение, что по немецкому словоупотреблению месторождение не должно быть лишь наполнением ловушки. Ловушка определяется как зона относительно малейшего потенциала, и на этой основе предлагается классификация ловушек по физическим соображениям. Дело состоит в распознавании ловушек, они являются предметом разведки и имеют приоритет в обозначении понятий.

Summary

Definitions proposed by WEGERT are criticized by the author. He points out, that the accumulation of oil and gas must be understood from a physical point of view and that therefore the trap must be defined as a place of relatively low potential. It is on this base that a classification of traps is proposed. The traps are of outstanding importance and the aim of prospection, therefore the traps have priority when naming und defining the reservoirs.

Literatur

MEINHOLD, R.: Der geologische Bau und die Erdöl- und Erdgasführung der Deutschen Demokratischen Republik und der angrenzenden Gebiete des Norddeutschen Flachlandes. — Beih. Geologie, Nr. 27, Berlin 1960.

WEGERT, F.: Zur Definition und Klassifizierung einiger erdölgeologischer Begriffe. — Z. angew. Geol., 7, S. 75—78 (1961).

Bericht über die Exkursion C 18 des XXI. Internationalen Geologenkongresses in Kopenhagen 1960

HELLMUT E. HAUSMANN, Halle (Saale)

Die Exkursion C 18 machte die Teilnehmer mit den Schichtenfolgen des Kambriums, Ordoviziums und Silurs von Schweden bekannt. Da diese Sedimente zum Teil eine gute Fossilführung aufweisen, hatte die Exkursion neben der stratigraphischen Problemstellung einen sehr ausgeprägten paläontologischen Akzent. Die Exkursionsroute führte an neun Exkursionstagen mit dem Autobus durch die vier hauptsächlichsten Gebiete des Vorkommens altpaläozoischer Schichten in Schweden: Västergötland, Närke, Dalarna und Jämtland. Die Exkursion stand unter der Leitung von Prof. Dr. PER THORSLUND und Doz. Dr. VALDAR JAANUSSON, beide von der Universität Uppsala. Die 18 Exkursionsteilnehmer kamen aus Algerien, Argentinien, der DDR, England, Frankreich, Marokko, den USA und der UdSSR.

Die Exkursion begann am 26. August in Kopenhagen und führte zunächst mit der Eisenbahn über Göteborg nach Skövde in Västergötland. Die ersten interessanten Reiseeindrücke vermittelte bereits die Bahnfahrt längs der Felsenküste von Bohuslän zwischen Hälsingborg und Göteborg.

Ein kurzer Aufenthalt ermöglichte eine Stadtrundfahrt durch das landschaftlich sehr schön gelegene Göteborg. Am späten Nachmittag wurde Skövde erreicht. Hier begann am 27. August mit dem Autobus die eigentliche Exkursion. Diese führte am 27. und 28. August zunächst in das Gebiet zwischen Väner- und Vätter-See im Westen und Osten und den Städten Falköping und Mariestad im Süden und Norden. Das Paläozoikum in diesem Raum liegt horizontal auf der subkambrischen Fastebene. Doloritdecken im Hangenden schützen es vor der Abtragung. Morphologisch ist das Gebiet durch große Plateauberge gekennzeichnet, deren Gipfelebenen durch die harten Doloritdecken gebildet werden, während die paläozoischen Schichten in den gelegentlich relativ steilen Hängen ausstreichen. In der großen Ebene, der diese Plateauberge aufgesetzt sind, stehen zum großen Teil archaische Gesteine an; diese Ebene ist damit praktisch identisch mit der subkambrischen Fastebene. Der bekannteste dieser Berge ist der Kinnekulle am Ostufer des Väner-Sees zwischen Lidköping und Mariestad. Die Aufschlußverhältnisse am Kinnekulle sind jedoch heute nicht mehr sehr günstig. Andere Lokalitäten bieten weit besser aufgeschlossene Profile, so z. B. an den Hängen des Mösseberg und des Ålleberg in der Umgebung von Falköping. Da die altpaläozoischen Schichten in diesem Gebiet fast völlig ungestört sind, ist der Erhaltungszustand der Fossilien entsprechend gut, und es konnte reichlich Material gesammelt werden. Der in vieler Hinsicht interessante Ölschiefer des Oberkambriums hat in dieser Gegend einen relativ hohen Gehalt an Uran, der in einer stark aschehaltigen Kohle seine höchsten Werte erreicht. Diese Kohle kommt in Linsen innerhalb der Peltura-Schichten besonders im Nordteil vom Billingen-Berg bei Skövde vor.

Am 29. August ging die Fahrt von Mariestad aus in die mittelschwedische Provinz Närke weiter. Hier ist das Altpaläozoikum auf einer größeren, längs von Verwerfungen gegen ihre Umgebung abgesenkten Scholle vorhanden. Infolge der unterschiedlichen mechanischen Eigenschaften der archaischen Gesteine in der Umgebung der paläozoischen Sedimente treten die Randstörungen auch morphologisch deutlich in Erscheinung. In der Ausbildung und Schichtenfolge des Altpaläozoikums von Närke zeigen sich nur ganz geringfügige Unterschiede gegenüber dem Altpaläozoikum von Västergötland. Die Exkursionsteilnehmer hatten in diesem Gebiet Gelegenheit, durch zwei Betriebsbesichtigungen einen Eindruck von der vielseitigen Verwendungsmöglichkeit der oberkambrischen Ölschiefer zu gewinnen. Zunächst wurde in der Nähe von Kumla das Ytong-Werk Yxhult besichtigt, in dem der in Skandinavien viel für Bauzwecke verwendete Kunststein Ytong hergestellt wird. Hierfür werden zunächst Ölschiefer und ordovizischer Kalkstein in Meilern gebrannt. Die Ölschiefer und die Kalksteine, die stratigraphisch unmittelbar aufeinanderfolgen, können aus dem gleichen Tagebau gewonnen werden. Die zum Brennen des Kalkes nötigen Wärmemengen entstehen durch Verbrennung des im Ölschiefer enthaltenen Bitumens (Heizwert des Ölschiefers 2—2,2 kcal/kg). Der nach dem Brennen erhaltene Rückstand wird gemahlen, und man erhält als Zwischenprodukt das sog. Ytongmehl, aus dem dann nach Zusatz verschiedener anderer Stoffe in mehreren Arbeitsgängen der Ytongkunststein entsteht, der bei sehr niedrigem spezifischem Gewicht über ausgezeichnete Materialeigenschaften verfügt.

Ein weiterer Verwendungszweck der Ölschiefer wurde den Exkursionsteilnehmern im Schieferölwerk Kvarntorp, 7 km westlich Kumla, demonstriert. Hier entstand während des Krieges eine Raffinerie zur Gewinnung des Öls aus dem Ölschiefer. Schweden verfügt über Vorräte von etwa 12700 Mill. t Ölschiefer, die sich auf die Provinzen Närke, Östergötland, Västergötland und Öland verteilen. Man schätzt, daß diese Ölschiefer 410 Mill. t Öl enthalten. Die Ölschiefer in der Provinz Närke haben den höchsten Ölgehalt, und zwar im allgemeinen 4—7%, gelegentlich bis 8%. Die Mächtigkeit der Ölschiefer liegt im Durchschnitt bei 13,6 m. Die Produktionskapazität des Schieferölwerkes Kvarntorp betrug 1958:

Rohöl	120000 m^3
Flüssiggas	12000 metrische Tonnen (Propan, Butan)

Als Nebenprodukte fallen weiterhin beträchtliche Mengen an reinem Schwefel (34000 metrische Tonnen), Ammoniumsulfat, Ammoniak und Kalk an; gleichzeitig liefert das Werk Kraftstrom.

Auch in Närke enthält der oberkambrische Ölschiefer Uran, und ebenso wie in Västergötland finden sich die höchsten Gehalte in der Zone mit *Peltura scarabaeoides*. Dieser relativ uranreiche Abschnitt der Ölschieferabfolge ist 4,5 m mächtig und enthält pro t Ölschiefer 235 g Uran. Von Kumla aus ging dann die Fahrt über Örebro, Kopparberg und Ludvika weiter nach Falun.

Gegenstand der beiden nächsten Exkursionstage (30. und 31. August) war das Altpaläozoikum nördlich des Siljan-Sees in Dalarne. Die Exkursionsroute führte von Falun über Rättvik und Boda nach Mora. Der Siljan-Bezirk gilt als eines der landschaftlich schönsten Gebiete von Schweden. Die geologischen Verhältnisse sind dadurch charakterisiert, daß das Kambrium fehlt, während in dem sehr kalkreichen Ordovizium Riffe auftreten. Die tektonische Beanspruchung ist hier etwas stärker als in Västergötland und Närke; sie ist vor allem durch Bruchtektonik mit gelegentlich kleinen Überschiebungen gekennzeichnet. Diese ordovizischen Riffe sind außerordentlich fossilreich. Sie erreichen mit 1 km Länge und bis 100 m größter Mächtigkeit z. T. beträchtliche Ausmaße. Sie treten in der Landschaft morphologisch deutlich hervor und sind durch Kalksteinbrüche oft gut aufgeschlossen. Trotz des Reichtums an Crinoiden, Cystoideen, tabulaten Korallen, Bryozoen, Brachiopoden und Trilobiten im Riffgestein und auch in der näheren Umgebung des Riffes sind die Algen die eigentlichen Riffbildner.

Am 1. September führte die Exkursion nach dem rund 300 km weiter nördlich gelegenen Östersund. Während dieser Fahrt war die allmähliche Veränderung der Flora nach Norden zu sehr gut zu beobachten. Am 2. und 3. September wurden von Östersund aus ausgedehnte Exkursionen in das Altpaläozoikum von Jämtland unternommen. Jämtland hat die flächenhaft größten Vorkommen von Paläozoikum in Schweden aufzuweisen. Im Gegensatz zu den zuvor bereisten Gebieten ist das Paläozoikum hier tektonisch sehr stark beansprucht und überwiegend allochthon. Die Erhaltungsbedingungen für Fossilien sind dementsprechend schlecht. Die hieraus resultierende Unsicherheit in stratigraphischen und tektonischen Fragen erinnerte die mit dem mitteleuropäischen Paläozoikum vertrauten Exkursionsteilnehmer an ähnliche Probleme. Einen guten Einblick in diese Tektonik vermittelte vor allem die Fahrt, die am 2. September in die Ausläufer des norwegischen Hochgebirges in der Umgebung von Offerdal stattfand. Das Altpaläozoikum ist hier stark gepreßt und gefaltet, und es werden verschiedene tektonische Decken unterschieden. Nach einer Exkursion auf die Insel Norderön in Storsjön wurde am 3. September mit dem Nachtschnellzug die Rückfahrt nach Stockholm angetreten, von wo aus die Teilnehmer aus der DDR am 4. September nach Berlin-Schönefeld zurückflogen.

Neben der ausgezeichneten fachlichen Leitung durch Prof. THORSLUND und Dr. JAANUSSON muß hier noch die gute Organisation erwähnt werden. Schließlich trug sehr wesentlich zu dem Erfolg der Exkursion C 18 das allzeit gute und ungetrübte Einvernehmen unter den Exkursionsteilnehmern bei.

Literatur

THORSLUND, P. & V. JAANUSSON: The Cambrian, Ordovician and Silurian in Västergötland, Närke, Dalarna and Jämtland, Central Sweden. Guide to Exkursions nos. A 23 and C 18. – Hrsg. von: The Geological Survey of Sweden, Stockholm 1960 (engl.).

Svenska Skifferolje AB Kvarntorp (Werbeschrift). – Hrsg. von der Svenska Skifferolje AB, Örebro 1958 (engl.).

Besprechungen und Referate

AHRENS, L. H. & S. R. TAYLOR

Spectrochemical Analysis

2. Aufl., Addison-Wesley Publishing Comp., Massachusetts – London 1961. – XXIII + 454 S.; 15,– $

Dieses Buch ist die zweite Auflage eines 1950 unter dem gleichen Titel erschienenen Werkes und folgt der gleichen Grundkonzeption. Schon die erste Ausgabe fand allseitige Anerkennung und wurde als eines der besten zur Zeit erhältlichen Bücher über die Spektralanalyse bewertet. Das trifft auch für die nunmehr erschienene zweite Auflage zu, die auf die seit 1950 auf diesem Gebiet erfolgten Entwicklungen eingeht und viele wertvolle Bereicherungen enthält.

In dieser Abhandlung, deren Schwerpunkt vor allem auf praktisch-methodischem Gebiet liegt, werden spektralanalytische Untersuchungsverfahren von Gesteinsproben, Bodenproben, Mineralien (einschließlich Erzen), Meteoriten, Schlakken, keramischen Erzeugnissen und organischen Aschen eingehend behandelt. Die Analyse erfolgt mit dem Gleichstrombogen.

Das Buch ist in zwei Teile untergliedert. Der erste Teil ist den allgemeinen Prinzipien der Spektralanalyse gewidmet. Es wird auf die Interpretation der Spektren, die physikalischen Bedingungen der Gleichstrombogenentladung und die Faktoren, die die Intensität der Linienemission beeinflussen können, eingegangen. Ein selbständiges Kapitel ist in der Neubearbeitung der Probevorbereitung und methodischen Belangen, wie z. B. Anregung in Edelgasatmosphäre oder Kathodenglimmschichtanregung, gewidmet.

Umfassende Kapitel behandeln die qualitative und quantitative Spektralanalyse, wobei auf die Linienkoinzidenzen, selektive Verdampfung und die Verwendung und Wahl eines inneren Standards sorgfältig eingegangen wird. Es folgen Erörterungen über die Reproduzierbarkeit von Ergebnissen, den Einfluß von Änderungen der Matrix auf die Linienintensitäten, die für den Analytiker von großer Bedeutung sind, Anreicherungsverfahren (neu gegenüber der ersten Auflage), photographische Meßmethoden und Bandenspektren, deren analytische Verwendbarkeit häufig noch wenig beachtet wird.

Der zweite Teil behandelt im wesentlichen die Bestimmung einzelner Elemente. Es werden ca. 50 Elemente diskutiert, die zu Gruppen zusammengefaßt sind. Ausgezeichnete Hinweise über halbquantitative bzw. quantitative Methoden (innerer Standard) für Silikate, Bodenproben und organische Aschen und über die Bestimmung von „Hauptbestandteilen" (wie Si, Al, Ca, Mg, Fe, Mn, Ti, K, Na) ergänzen diesen Teil des Werkes.

72 Seiten Wellenlängentabellen schließen sich an (dem Atlas von G. R. HARRISON entnommen), die schon alle jene Faktoren enthalten, die bei der Auswahl einer Analysenlinie zu beachten sind. Diese Tabellen zeigen die empfindlichsten Bogenlinien. Innerhalb eines Bereiches von 0,4 – 0,5 Å nach dem kurz- und langwelligen Gebiet sind jeweils sämtliche möglichen Störlinien angeführt. Oft ist noch – in Abhängigkeit vom Untersuchungsmaterial – auf beobachtete Koinzidenzen und deren Umgehung hingewiesen, so daß dieser Tabellenteil für den Analytiker eine recht wertvolle Ergänzung darstellt.

Auch das Literaturverzeichnis wird dem Charakter dieses Buches als Standardwerk für die spektralanalytische Praxis gerecht. Es enthält die wichtigsten Schriften über das Gebiet der Spektralanalyse und nahezu vollständig die bis Dezember 1959 erschienene Literatur (insgesamt 950 Literaturzitate).

Vorteilhaft wirken sich im Text enthaltene Tabellen und Übersichten aus. So sind z. B. Nachweisgrenzen, Durchschnittsgehalte magmatischer Gesteine, Verdampfungstemperaturen von Elementen und ihren Oxyden und neuere Analysenresultate der in vielen Laboratorien vorhandenen amerikanischen Standardsubstanzen G-1 und W-1 enthalten.

Abschließend kann gesagt werden, daß die zweite Auflage dieses Buches großen Anklang und ebensolches Interesse wie die Ersterscheinung finden wird. Es ist ein Werk, das dem Geologen oder Mineralogen, der sich mit der Auswertung spektralanalytischer Resultate befaßt, ebensoviel zu geben vermag, wie dem wissenschaftlich vorgebildeten Analytiker. Auch dem Studenten, Chemiker und Metallurgen kann das Buch empfohlen werden. R. SCHINDLER

HARK, H.-U.

Die westdeutsche Erdöl- und Erdgasexploration im Jahre 1960

„Erdöl und Kohle, Erdgas-Petrochemie", Jg. 14 (1961), S. 245–260

Die Zahl der im Jahre 1960 fündigen Aufschlußbohrungen war mit 16% verhältnismäßig hoch, konnte jedoch das Vorjahrsergebnis von 21,2% nicht erreichen. Von den insgesamt 75 beendeten Aufschlußbohrungen (1959 = 99) wurden acht öl- und drei gasfündig und eine in der Gaskuppe einer Öllagerstätte fündig. Jeweils drei Neufunde ergaben sich in den Gebieten zwischen Elbe und Weser, Weser und Ems sowie im Alpenvorland. Die restlichen fündigen Bohrungen verteilen sich auf das Emsland und den Raum westlich der Elbe.

Die gesamte Aufschlußbohrleistung betrug im Jahre 1960 645392 m, wobei sich die durchschnittliche Bohrteufe auf 1962 m (1959 = 1853 m) erhöhte.

In Norddeutschland, wo zwei Drittel der im Berichtsjahr angesetzten Aufschlußbohrungen standen, wurden die bekannten Speichergesteine von der Unterkreide bis zum Oberkarbon untersucht. Valendis- und Wealdenhorizonte wurden in den westlichen und östlichen Randbezirken des Niedersächsischen Beckens und entlang dessen Nordgrenze erkundet. Während die Aufschlußtätigkeit im Gebiet nördlich der Elbe wie im Jahre 1959 gering war, zielte sie zwischen Weser und Elbe mit 10 von insgesamt 23 Projekten (1959 = 34) auf die Erschließung von Ölvorkommen in den Sandsteinen des Oberen und Unteren Doggers an den Rändern der bekannten Doggertröge ab.

Mit den im Jahre 1960 zwischen Elbe und Weser niedergebrachten sieben Tiefbohrungen sollten die Zechsteinhochlagen auf mögliche Gas- oder Ölführung und die regionale Verbreitung der dolomitischen Horizonte im Zechstein untersucht werden. Außerdem sollte auch die Speicherfähigkeit und die Kohlenwasserstofführung des Liegenden geklärt werden.

Verf. berichtet weiter über die sich auf Unterkreide/Malm- und Zechsteinprojekte stützende Aufschlußbohrtätigkeit im Gebiet westlich der Ems und des Münsterlandes.

In den mittel- und süddeutschen Erdölprovinzen hielt nur im Alpenvorland die Bohrtätigkeit ziemlich unvermindert an. Hier wurden drei Neufunde erzielt. Stark eingeschränkt wurden im Berichtsjahr die Untersuchungen im Oberrheintal und in den Gebieten des Sollings, der Hessischen Senke und des Schwäbisch-Fränkischen Jura. DRESSEL

WOODWARD, H. P.

The Appalachian Region

V. Welterdölkongreß, New York 1959, Section I — Paper 59

Nach der Geschichte des ersten und ehemals bedeutendsten amerikanischen Erdölreviers wird die Stratigraphie und Tektonik des Gebietes besprochen.

Das Sedimentationsbecken ist etwa 1800 km lang und ca. 360 km breit. Kristallines Präkambrium, das bis 6000 m Tiefe unter den Meeresspiegel versenkt ist, bildet sein Fundament. Die mittlere Höhe über dem Meeresspiegel liegt bei 600 m. Die Beckenfüllung besteht aus Sandsteinen, Schiefern und Kalksteinen vom Kambrium bis Devon unter einer schwachen Decke jüngerer Gesteine. Fazieswechsel in langen Streifen parallel der Beckenachse liefert viele lithologische Fallen. Die Ostseite am Gebirge ist stark gefaltet und enthält keine Lagerstätten mehr, während im Innern und im Westen günstige Strukturen mit Lagerstätten vorhanden sind. Bemerkenswert ist die Tektonik des Gebietes. Auf völlig flach gelagertes Silur folgt ein stark deformiertes devonisches Mittelstockwerk, die darüber liegenden oberdevonischen und karbonischen Sedimente sind ebenfalls nur schwach verbogen. Der Autor erklärt das abnorme Verhalten mit seitlichem Schub, der die Schichten über dem Silur in einer Salzschicht abscherte, die über der deformierten Zone liegenden weichen Schichten fingen dann die Deformation nach oben ab.

Zahlreiche Fallentypen treten auf. Stratigraphische (lithologische) Fallen sind am häufigsten. Öl wird aus dem Devon und Karbon gefördert. Insgesamt lieferte dieses Becken bisher 300 Mill. t Öl, die dreifache Menge lagert noch im Gestein. Unbekannte Möglichkeiten bietet noch das Kambrium, das bisher nicht untersucht wurde. MEINHOLD

ROQUE, P. C., C. DE FERRARIS, A. MINGRAMM, E. ROLLERI, I. SIMONATO & T. SUERO

The Sedimentary Basins of Argentina

V. Welterdölkongreß, New York 1959, Section I — Paper 49

In Argentinien sind neun größere Sedimentationsbecken vorhanden. Das Nordwestbecken mit einer mächtigen Füllung von frühpaläozoischen und permokarbonischen Sedimenten enthält kaum Mesozoikum, aber wieder bis 200 m Tertiär. Die Hauptspeichergesteine liegen im ältesten Tertiär und im Permokarbon bis Oberdevon. Das Chaco-Paraná-Becken ähnelt dem Nordwestbecken, ist aber noch wenig untersucht und noch nicht produktiv. Das gleiche gilt für das Rio-Colorado-Becken. Das Rio-Salado-Becken (bei Buenos Aires) enthält ebenfalls unter mehr als 1000 m Tertiär mehrere tausend Meter paläozoische Gesteine. Das Cuyo-Becken (Provinz Mendoza) ist durch 1700 m Tertiär und 1500 m Trias gekennzeichnet. 12 Ölfelder produzieren hier aus Sandsteinen der Trias an steilen Antiklinalen. Das Neuquén-Becken ist ebenfalls jung, seine Füllung besteht aus Trias, Oberkreide und Tertiär. Zahlreiche Ölanzeichen sind bekannt, aber eine Produktion besteht noch nicht. Das Golf-San-Jorge-Becken enthält etwa 3000 m mesozoische Sedimente und ist das wichtigste argentinische Ölrevier. Ölführend sind zahlreiche Sandsteine der Oberkreide und des Oberen Jura. Das Magellan-Becken, das bis Feuerland reicht, enthält hauptsächlich Oberjura- und Unterkreidesedimente. Produktiv sind Sandsteine des Oberen Jura an sanften Falten. MEINHOLD

VISSER, W. A. & K. E. KLEIBER

Geology of the Vogelkop Peninsula, Netherlands New Guinea

V. Welterdölkongreß, New York 1959, Section I — Paper 52

Das Gebiet ist ein Teil des australischen Kontinentalschelfes. Die ältesten bekannten, silurischen Sedimente sind im Devon stark gefaltet worden. In der Folgezeit herrschen die Bedingungen des stabilen Schelfes, unterbrochen von einigen Aufwärtsbewegungen während des Mesozoikums. Den Nordrand bildet der mobile Rand des Ozeanbeckens, gekennzeichnet durch intrusive und extrusive Magmen. Im oberen Miozän führten starke orogenetische Bewegungen zur Auffaltung der Gebirgsketten und zum Einsinken der Tertiärbecken. Die asymmetrischen Becken enthalten mehrere tausend Meter klastisches Material aus dem obersten Miozän, Pliozän und Pleistozän. MEINHOLD

ATKINS, E. R.

Techniques of Electric Log Interpretation

„Journal of Petroleum Technology", Vol. XIII (1960), Nr. 2, S. 118—124

Die quantitative Auswertung in Erdöl- und Erdgasbohrungen durchgeführter Eigenpotential- (SP-) und Widerstandsmessungen zielt auf die Bestimmung folgender Parameter ab: 1. spezifischer Widerstand R_w des Schichtwassers; 2. wahrer spezifischer Gesteinswiderstand R_t; 3. Wassersättigung S_w ($S_w = 1 - S_0$; S_0 ist die Ölsättigung); 4. Nutzporosität p. Zur Ermittlung dieser Größen haben sich entsprechende Methoden eingebürgert, die je nach den geologischen bzw. bohrtechnischen Verhältnissen und den angewendeten Widerstandsmeßverfahren variiert werden und zu einem Teil physikalisch exakt, zum anderen Teil empirisch oder auf unbewiesene Annahmen begründet sind. Zwölf solcher Annahmen, die durchaus unzutreffend sein können, werden schon wegen ihrer häufigen Wiederholung in der älteren Literatur oftmals geradezu als Gesetzmäßigkeit ohne Nachprüfung hingenommen. Die wichtigsten dieser Annahmen sind:

1. Alle Bohrlochmeßkurven wurden fehlerfrei registriert.
2. Das Verhältnis der spezifischen Widerstände zweier Lösungen ist gleich dem reziproken Wert des Verhältnisses ihrer Aktivitäten.
3. Das hinter dem Filterkuchen unmittelbar an der Bohrlochwand anstehende Gestein ist völlig mit Spülungsfiltrat gesättigt.
4. Im bohrlochnächsten Teil der Infiltrationszone nimmt evtl. vorhandenes Restöl 15—25% des Porenvolumens ein.
5. Das maximale Eigenpotential eines wassergesättigten Sandgesteins ist gleich einer Konstante K multipliziert mit dem Logarithmus des Quotienten der spezifischen Widerstände der Infiltrationszone (R_{xo}) und des nichtinfiltrierten Gebirges (R_0): $SP = K \cdot \log (R_{xo}/R_0)$.
6. Aus dem an der Oberfläche gemessenen spezifischen Widerstand des Filterkuchens kann der im Bohrloch herrschende spezifische Filterkuchenwiderstand erschlossen werden.
7. In der zur Berechnung der Wassersättigung dienenden Formel $S_w^{-n} = R_t/R_0$ ist der Exponent n gleich 2.

Bei Durchsicht der moderneren Literatur ergibt es sich, daß die Frage nach der allgemeinen Gültigkeit wenigstens einiger dieser Annahmen verneint werden muß. Die übliche

Methodik der Ermittlung der Größe R_w aus dem Eigenpotential z. B. hat das Zutreffen der Annahmen 1, 2, 3, 4 (z. T.) und 5 zur Voraussetzung. Einigermaßen exakt nachprüfbar ist davon nur Annahme 1. Annahme 5 erscheint im Lichte neuerer Untersuchungen, die die Möglichkeit erheblicher Verfälschungen des Eigenpotentials durch am Filterkuchen auftretende Elektrofiltrationspotentiale unter Beweis stellen, sehr fragwürdig.

In ähnlicher Weise läßt eine kritische Betrachtung der herkömmlichen Methoden zur Bestimmung des wahren spezifischen Widerstandes, der Wassersättigung und Nutzporosität die Schlußfolgerung zu, daß in vielen Fällen einige den Berechnungen zugrunde liegende Voraussetzungen nicht erfüllt sind. Der mit der Interpretation von Bohrlochmessungen beschäftigte Geophysiker sollte daher das Zutreffen solcher Voraussetzungen überprüfen und bemüht sein, Annahmen durch Wissen zu ersetzen, damit die Gewähr besteht, daß die Interpretationsergebnisse die tatsächlichen Verhältnisse im untersuchten Speichergestein so genau wie möglich widerspiegeln. K. Lehnert

Krebs, E.

Die Fernseh-Bohrlochsonde FB 400

„Erdöl und Kohle, Erdgas-Petrochemie", Jg. 14 (1961), H. 1, S. 11–17

Für die im Bergbau, bei Großbauten, im Tunnel- und Schachtbau und bei dem Bau von Staudämmen erforderliche möglichst genaue Kenntnis des Untergrundes liefern im Falle einer komplizierten Tektonik Kernbohrungen meist unbefriedigende Ergebnisse. Gerade in den baulich und geologisch wichtigen Zonen mit offenen Klüften, Kluftbelegen, Zerrüttungsstreifen und Myloniten können kaum einwandfreie Kerne gewonnen werden. Mit Hilfe der vom Verf., seinen Mitarbeitern, dem Ingenieurbüro Dr. Müller, Salzburg, und den Grundig-Werken, Fürth, entwickelten Fernseh-Bohrlochsonde F B 400 sind nunmehr Direktbeobachtungen möglich geworden. Über ein Teufenmeßrad wird die Sonde an einem Kabel in die Bohrung abgelassen. Das Bild der Bohrlochwandung wird in der Sonde über einen motorisch angetriebenen, drehbaren Schrägspiegel auf eine Kleinstfernsehkamera geworfen und über das Kabel auf den Fernsehschirm im Meßwagen übertragen. Durch ein Kompaßpendelteil in der Sonde können die Neigung des Bohrloches, das Azimut der Neigung und die Blickrichtung des Schrägspiegels ermittelt werden. Eine umschaltbare Beleuchtung ermöglicht Angaben darüber, ob Klüfte im Gestein geöffnet oder geschlossen, leer oder gefüllt sind. Die Tangentenebenen von Gesteinsblöcken können räumlich sehr genau eingemessen werden. Bei Staudämmen und Großbauten können u. a. Injektionsergebnisse, Fugenschlüsse zwischen Beton und Fels sowie Beton und Beton kontrolliert werden. Der Verlauf von Kluftwässern und das Streichen und Fallen von Schichten können beobachtet und das Fernsehbild mit den gezogenen Kernen verglichen werden. Aus der Beschreibung der Apparatur sei erwähnt, daß die Photokathode aus einem äußerst feinen, von einer ganz dünnen Metallfolie getragenen Mosaik von Halbleiterteilchen aus Antimontrisulfid besteht, deren elektrischer Widerstand von der jeweiligen Belichtung abhängt. Die zu untersuchenden Teile der Bohrlochwand können durch je zwölf Glühlampen am oberen und unteren Ende eines Rundsichtfensters, die vom Kontrolltisch aus geregelt werden, so ausgeleuchtet werden, daß durch Schattenwirkung plastische Bildeindrücke zu gewinnen sind. Die Aussagen der Fernsehsonde werden — wie die Übertage-Gefügeaufnahmen — fast ausschließlich zeichnerisch ausgewertet. Verf. erläutert diese Auswertung an mehreren Beispielen. Havemann

Grundlegende Fragen und Untersuchungsmethoden von Strukturen der Erzfelder und Lagerstätten

Moskau 1960. — 620 S.

Die Klärung der Struktur einer Lagerstätte ist von entscheidender Bedeutung, da sie die Organisierung der Erkundungsarbeiten erleichtern hilft. Das vorliegende Buch, das von einem Kollektiv zusammengestellt wurde (F. J. Wolfson, L. J. Lukin, A. W. Pek u. a.), soll dazu dienen, die geologische Kartierung als Hauptmethode der tektonischen Untersuchung zu betrachten.

Die Arbeit gliedert sich in zwei Abschnitte. Im ersten Abschnitt werden die Untersuchungsmethoden bei der strukturellen Bearbeitung behandelt (390 S.). In diesem methodischen Teil wird eine Vielzahl von praktischen Hinweisen für die Kartierung tektonischer Elemente gegeben. Eingehend wird die Kartierung von Intrusivkörpern und -gängen, tektonischen Störungen aller Art, Erzkörpern unter den verschiedensten geologischen Bedingungen usw. beschrieben. Für die Ausführlichkeit der Arbeit zeugt, daß allein der Frage des relativen Alters einer Störung 50 Seiten gewidmet sind, desgleichen der Richtungsbestimmung und der Amplitude von Verwerfungen einschließlich ihrer graphischen Darstellung. Die Brauchbarkeit der gefügekundlichen Methoden für die Untersuchung der Genese von Faltungsstrukturen Verwerfungen, Erzgängen usw. werden erörtert. Besonders gute Ergebnisse hat man bei der strukurellen Untersuchung von Erzgängen erzielt, besonders für die Klärung des Verhältnisses der Erzgänge zu den Gesteinsgängen, der Genese der erzführenden Klüfte, des Charakters und der Richtung der vor, während und nach der Vererzung gebildeten Klüfte usw. Die Verwendung geophysikalischer Methoden für die Entscheidung struktureller Fragen in effusiven, intrusiven und metamorphen Gesteinen wird eingehend behandelt.

Im zweiten Abschnitt der Arbeiten werden praktische Beispiele der strukturellen Untersuchung einzelner Lagerstätten der Sowjetunion gegeben. So werden u. a. die tektonischen Verhältnisse verschiedenartiger Lagerstätten auf der Kola-Halbinsel, am Baikalsee, in Transbaikalien, im Ural usw. beschrieben.

Das vorliegende Buch gibt dem Geologen eine gute Anleitung für seine praktische Arbeit bei der Oberflächenkartierung und im Erzbergbau. Solche Werke, die die Tektonik vom Standpunkt der praktischen Arbeit aus betrachten, sind leider in der deutschen Literatur noch eine Seltenheit.

W. Beyer

Baar, A.

Über die fazielle Entwicklung der Kalilagerstätte des Staßfurtflözes

„Neues Jb. Geol. Paläont., Abh.", Bd. 111 (1960), S. 111–135

Die von Baar am 20. 5. 1959 bei der Schriftleitung eingereichte Arbeit stellt eine Art kurze Zusammenfassung der Problematik zur Hartsalzgenese im Südharzkalisalzgebiet (!) und eine gedrängte eigene Einschätzung dazu dar.

Die Arbeit teilt sich in zwei grundlegende Abschnitte:

A. Der heutige Mineralbestand des Staßfurtflözes, insbesondere am Südharz,

B. Bemerkungen zur genetischen Deutung der petrochemischen Verhältnisse im Staßfurtflöz.

Im ersten Abschnitt werden eine Flözkarte älteren Datums (1954) des Südharzgebietes und eine Anzahl von Analysen aus dem Kaliwerk „Thomas Müntzer" ausgewertet und dadurch festgestellt, daß

1. die Wechsel zwischen Carnallitgestein, Hartsalz und Vertaubung engräumig sind,
2. offensichtlich auch in der Nähe des Beckenrandes bzw. von Schwellengebieten carnallitische Flözausbildung vorhanden ist,
3. keinesfalls das Hartsalz auf einen Beckensaum beschränkt ist,
4. Tiefbohrungen keinen zuverlässigen Aufschluß über die fazielle Entwicklung größerer Gebiete zu geben vermögen und
5. die Unterscheidung einer Ca-Sulfat-Provinz von einer Mg-Sulfat-Provinz berechtigt ist.

Diese Feststellungen lassen sich nach Ansicht des Referenten aber nicht verallgemeinern.

Der 2. Abschnitt behandelt die „primäre oder sekundäre Faziesdifferenzierung im Staßfurtflöz", die „Thermometamorphose", die „‚Carnallitisierung' von Hartsalz", die „Umbildung durch Lösungen ‚von oben'", die „Gips-Anhydrit-Metamorphoselaugen und ‚Durchtränkungen'" und „stabile oder metastabile Gleichgewichtslösungen".

Baars Feststellung, daß eine primäre carnallitfreie Randzone im südlichen und östlichen Teil des Zechsteinbeckens auf Grund der vorhandenen Bedingungen nicht möglich sei, ist wahrscheinlich durch die neuesten Bohraufschlüsse und geologischen Schlußfolgerungen widerlegt. Diese Randzone „primären" Hartsalzes, dessen Bildungsbedingungen sich offensichtlich noch nicht physikalisch-chemisch beweisen lassen, dient gerade in der DDR der Hartsalzprognose und hat u. a. Eingang in die Perspektivpläne für die geologische Erkundung gefunden. Daneben wird die sekundäre, allerdings untergeordnete Hartsalzbildung von den Vertretern „primärer" Hartsalzentstehung keinesfalls in Abrede gestellt.

Interessant ist noch, daß Baar die primäre Bildung des Kieserits für möglich hält und die Umbildung des ursprünglichen Carnallitgesteins zu Hartsalz oder Vertaubung als durch aszendente Lösungen entstanden annimmt. Es wird der maßgebliche Einfluß von Erdölbegleitwässern auf die Flözumbildung diskutiert. Damit rückt BAAR von seinen früheren Vorstellungen und von denen BORCHERTS ab (Gips-Anhydrit-Metamorphoselaugen).

Mit der Ablehnung wesentlicher ,,Carnallitisierungen von Hartsalz" und des maßgeblichen Einflusses von einsickernden Lösungen für die Umbildung entspricht BAAR den jetzigen Vorstellungen.

Leider fehlt in dieser Arbeit die Auseinandersetzung mit den neueren Ergebnissen der Südharzgeologen der DDR, so daß die Darstellung BAARS dadurch einseitig wird.

J. LÖFFLER

HEYL, A. V., A. F. AGNEW, E. J. LYONS & C. H. BEHRE

The Geology of the Upper Mississippi Valley Zinc-Lead District

Geol. Survey Profess. Paper 309, U. S. Gov. Print. Off., Washington 1959. — 310 S., 24 farb. Karten, 101 Textabb.

Eine gründliche geologische Untersuchung des Gebietes der bekannten großen Blei-Zink-Lagerstätten im oberen Mississippital ist 1942 begonnen worden. Sie war 1957 noch nicht beendet. Das vorliegende Buch stützt sich im wesentlichen auf die bis 1950 durchgeführten Arbeiten. Es enthält außer einer geologischen Darstellung des Gesamtgebiets eingehende Beschreibungen einiger ausgewählter Einzelgebiete, die Stratigraphie der hauptsächlichen erzführenden Schichten, deren allgemeine Strukturbeziehungen und — sehr detailliert — die Strukturen der einzelnen Lagerstätten. Über die Geschichte, die Produktion, die mineralogischen Gegebenheiten im Rahmen des geologischen Gesamtbildes, die vertikale und horizontale Zonierung und über die Entstehung der Lagerstätten wird eingehend berichtet. Hinsichtlich der Lagerstättenentstehung hat sich nach einer fast hundertjährigen Kontroverse immer mehr die Auffassung durchgesetzt, daß die Lagerstätten hydrothermalen Ursprungs sind. Danach sind im Gefolge von Intrusionen aus der Basis der paläozoischen Schichten durch tektonische Senkung und Kontraktion zwei Bruchsysteme entstanden, das eine parallel, das andere rechtwinklig zu den Intrusionen. In diesen Verwerfungen sind die hydrothermalen Lösungen emporgestiegen. Das Gebiet gliedert sich durch drei Antiklinalen erster Ordnung in drei Teile, die wiederum Faltungen zweiter und dritter Ordnung aufweisen. Die Zonierung ist vierfachen Typs: 1. regional eine horizontale Zonierung einiger primärer Minerale, 2. lokal eine horizontale Zonierung in den stärker mineralisierten Zentren, 3. eine vertikale Zonierung der Minerale relativ zu der gesamten mineralisierten stratigraphischen Abfolge, 4. eine vertikale und horizontale Zonierung innerhalb der einzelnen Lagerstätten. Die vier Typen überlagern einander und ergeben ein komplexes Gefüge. Die Methoden der Erforschung, der Prospektion und der Förderung werden eingehend beschrieben. Der Hauptteil des Buches ist den einzelnen Gruben gewidmet, deren Beschreibung jeweils große farbige Karten und viele Textfiguren und Tabellen beigefügt sind.

HAVEMANN

DEKOWSKI, N.

Eisenerzbergbau in Goa

,,Z. Erzbergbau und Metallhüttenwesen (Erzmetall)", Jg. XIII (1960), S. 373—381 und 441—444

Die portugiesische Kolonie Goa, am Westabhang des Westghats gelegen, ein Gebiet von etwa 4000 km² Größe mit rund 600000 Einwohnern, ist in den letzten Jahren zu einem bedeutenden Eisenerzexportland geworden.

Ab 1947 setzt ein regelmäßiger und stets steigender Export ein, wie Tab. zeigt.

Tab. Entwicklung des Eisenerzexports

Jahr	Goas Ausfuhr an Eisenerz t	Jahr	Goas Ausfuhr an Eisenerz t
1947	14	1953	852312
1948	5379	1954	1168844
1949	49188	1955	1321756
1950	112230	1956	2029421
1951	277129	1957	2623833
1952	474461	1958	2435975

Durch das ausgesprochene Wechselklima werden heute weite Teile des Landes von Lateritbildungen bedeckt. Das Grundgebirge besteht aus kristallinen Schiefern, Konglomeraten, Quarziten, Gneisen und gebänderten Hämatiten, in die teilweise Granite und Gabbros intrudierten. Die Bildungen gehören zur archaischen Dharwar-Serie. Als jüngste Bildungen treten quartäre Lehme und Dünensande auf.

Die gebänderten Hämatitquarzite sind mit den Eisenjaspiliten vom Oberen See, mit den brasilianischen Itabiriten und den ,,Calico-rocks" und ,,ribbon-rocks" aus Transvaal und dem Griqualand zu vergleichen. Die Mächtigkeit der Lateritdecke bewegt sich zwischen 20 und 30 m, kann jedoch bis 100 m anschwellen. Die Fe-Gehalte wechseln sehr stark und liegen zwischen 25 und 42% Fe.

Die eigentlichen Eisenerzlagerstätten werden nach ihrem verschieden hohen Lateritisierungsgrad in drei bis vier Gruppen eingeteilt. Die hohen Fe-Gehalte, die zwischen 55% und örtlich bis 69% liegen, sind durch die Auswaschung der Kieselsäure und der Tonerde infolge der intensiven Verwitterung bedingt. Die vorhandenen Vorratsmengen sind bisher noch nicht genau untersucht worden; man rechnet mit 500 Mill. t Erz.

Der Bergbau wird überall im Tagebau mit Strossen verschiedener Höhe betrieben, wobei ein typisch kapitalistischer Raubbau ohne jegliche Abbauplanung und mit optimaler Ausnutzung der Lagerstätte durchgeführt wird.

BC

RÖSLER, H. J.

Zur Petrographie, Geochemie und Genese der Magmatite und Lagerstätten des Oberdevons und Unterkarbons in Ostthüringen

Freib. Forsch.-H., C 92, Akademie-Verlag, Berlin 1960. — 275 S., 106 Abb., 49 Tab., 1 Karte; 25,— DM

Die Eisenerze vom Lahn-Dill-Typus sind in den letzten Jahren wieder zu einem Schwerpunkt der geologisch-mineralogischen Untersuchungen geworden. Erze dieser Art wurden in jüngster Vergangenheit durch die Staatliche Geologische Kommission bei Schleiz (saxothuringische Zone) aufgeschlossen und untersucht. Unter den Arbeiten, die der Geologie und Mineralogie dieses Erzgebietes gewidmet sind, ist die von H. J. RÖSLER die wichtigste.

Es werden 43 neue chemische Gesteinsvollanalysen, 83 chemische Teil- und 13 Mineral- und zahlreiche Einzelanalysen sowie die Ergebnisse von 400 Spektralanalysen mitgeteilt.

Aus der Fülle der Ergebnisse RÖSLERS sollen besonders die Entstehung der Mandelsteine, der oberdevonische quarzporphyrische Vulkanismus und die Genese der Erze erwähnt werden. RÖSLER kann beweisen, daß die Spilite (extrusive Fazies der Diabase) unter anderem karbonatisches Nebengestein aufnehmen. Dabei entstehen die sogenannten Mandelsteine, indem die aufgenommenen Kalkpartien durch das Magma zerteilt und abgerundet werden. Die unverdauten Reste bilden die Mandeln. Anschließend kann es zu einem Stoffaustausch zwischen Mandeln und umgebendem Spilit kommen. Der Calcit der Mandeln wird durch Chlorit verdrängt, während der Calcit selbst ins Innere des Gesteins wandert. Der Calcit dieser Mandeln hat noch den Spurenelementgehalt oberdevonischer Kalke. Neben diesen durch Resorption von Kalkstein entstandenen Mandeln fand der Autor auch Mandeln, die Blasencharakter haben und sekundär durch Chlorit, Calcit und untergeordnet Chalcedon-Quarz gefüllt werden.

Für den initialen Magmatismus ist das Auftreten des erst 1951 in der Literatur bekannt gewordenen quarzporphyrischen Vulkanismus eine beachtenswerte Besonderheit. Die bekannten Vorkommen werden erneut untersucht, und über zwei neue Fundpunkte wird berichtet.

Zwei weitere intrusive Quarzporphyrvorkommen können auf Grund der Untersuchungen ebenfalls dem oberdevonischen Magmatismus zugerechnet werden. Durch diese Ergebnisse entsteht die Frage, inwieweit ein Teil der von EIGENFELD in diesem Gebiet festgestellten Geröllgemeinschaft im Oberdevon und Kulm auf solche abgetragenen, oberdevonischen Quarzporphyre zurückgeht.

Einzelfragen der Genese dieser an den initialen Magmatismus gebundenen Roteisenerze (Lahn-Dill-Typ) sind noch umstritten. Im allgemeinen hat sich die Vorstellung von HARBORT (1903), der eine gasförmige, exhalative Zufuhr des Eisens postuliert, durchgesetzt. Dieser Anschauung folgt der Autor nicht, er nimmt einen hydrothermalen Transport an. Der größte Teil des Erzes, das zunächst chamositisch bzw. in einer Gelphase vorlag, wird oxydiert und bei der Zerstörung der Vulkanbauten umgelagert (s. RÖSLER, Geologie, Bd. 10, 1961, S. 94—96).

Die Herkunft des Eisens und Siliziums leitet er nicht aus der mit der Destillation im Magma verbundenen Stoffsonderung ab, sondern von dem bei der hydrothermalen Beeinflussung der palagonitisch-chloritischen Substanz in Schalsteinen erfolgenden Stoffwechsel, eine Hypothese, die der Deutung von HARDER (Fortschritte der Mineralogie, Bd. 38, 1960, S. 187–189) über die Genese von rezenten Eisenhydroxydschlämmen von Santorin (Griechenland) nahekommt. Eine derartige Auffassung entspricht im Grunde der lateralsekretionären Herkunft von Erzkomponenten endogener Lagerstätten, einer Auffassung, der gegenwärtig viele Lagerstättenforscher erneut Bedeutung beimessen. Die Schwierigkeit der genetischen Deutung gerade des Eisenerzlagers von Schleiz zeigt sich auch durch Beobachtungen, die zumindest für den Geowissenschaftler unerwartet sind, wie Spinellkerne, Spinellentmischungen, Ilmenit- und Hämatitentmischungen in einigen Magnetiten dieser Erze (STEINIKE, Z. angew. Geol., Bd. 4, 1958, S. 376–377) und das Vorkommen von gediegenem Eisen (OELSNER, Report of the XXI. Session Norden, 1960, Part XVI, S. 29–42). T. KAEMMEL

SINDEJEWA, N. D.

Mineralogie, Lagerstättentypen und Grundzüge der Geochemie des Selens und Tellurs

Moskau 1959. — 256 S.

Selen und Tellur finden in der modernen Technik, besonders in der Elektronik und Halbleitertechnik, eine immer stärkere Verwendung. Vorliegende Arbeit vermittelt in ausführlicher Form die wichtigsten Tatsachen über die Bestimmungsmethoden, Mineralogie, Geochemie, Lagerstättentypen und Verwendung von Selen und Tellur. Von beiden Elementen werden so bedeutende Lagerstätten wie Norilsk, Athabaska, Shingolobwe und Colorado beschrieben.

Selen geht mit 16 anderen Elementen Verbindungen ein. Es kann 39 verschiedene Mineralarten bilden und geht außerdem in die Struktur von 37, hauptsächlich sulfidischen, Mineralien ein. Tellur bildet Verbindungen mit 12 Elementen und etwa 39 Te-Mineralien.

Se- und Te-Lagerstätten entstehen bei verschiedenen endogenen Prozessen. Größere Se-Lagerstätten gehören zu den liquid-magmatischen Lagerstätten. Ferner findet man Te- und gleichzeitig auch Se-Lagerstätten oft in Verbindung mit postmagmatischen Prozessen. Im exogenen Kreislauf beobachtet man Se-Anhäufungen in Assoziation mit Uran. Tellur tritt hier nur gering in Seifen auf. In der Oxydationszone von Sulfidlagerstätten können Tellur und Selen als Erkundungsmerkmale dienen, da beide leicht aus O-haltigen Verbindungen reduziert werden.

Das Verhältnis Se:Te ist in Lagerstätten unterschiedlich. In Kieslagerstätten beträgt das Se:Te-Verhältnis 4–5:1, in Cu-Ni-Sulfid-Lagerstätten 3:1 und in massiven Gangerzen zwischen 3:1 bis zu 28:1.

Se- und Te-haltige Lagerstätten können auf Plattformen und in Faltungsgebieten unterschiedlichen Alters verbreitet sein. In den älteren Bildungen ist Selen als isomorphe Beimengung in den Sulfiden vorhanden. In den geotektonisch jüngeren Se-Te-Lagerstätten findet man eigene Se- und Te-Mineralien. Eine der reichsten Se-Te-Provinzen ist Fennoskandia, die ärmste Australien. W. BEYER

KNETSCH, DEGENS, WELTE & REUTER

Untersuchungen und Schlüsse zur Verteilung von Strahlungsträgern in Sedimenten Frankens

„Glückauf", Jg. 3 (1960), S. 172–182

Bei der Uransuche in Nord- und Ostbayern wurde Uran im Braunkohlentertiär von Wackersdorf, im Keupersandstein in Mittelfranken und in der dolomitischen Arkose in Oberfranken nachgewiesen. Ziel der Untersuchung einzelner Vorkommen durch Bohrungen war es, die Art des Strahlungsträgers, sein geochemisches Verteilungsbild im Sediment, die Anreicherungsursachen und die vermutliche Lage des Herkunftsgebietes festzustellen. Die Methodik der geochemischen Untersuchung wird im einzelnen erläutert.

Es zeigt sich, daß die untersuchten Anomalien synsedimentär angelegt wurden. Uran als wesentlicher Strahlungsträger ist im Oberen Buntsandstein an die Eisenhydroxydfraktion gebunden und substituiert dort für Kalzium in Phosphaten oder Phosphat-Karbonaten. Die kryptokristallinen Mineralien sind in dem glaskopfartig ausgebildeten Eisenhydroxyd radialstrahlig angeordnet.

In der dolomitischen Arkose, einem weiteren strahlungsaktiven Bereich, treten Ca/Mg-Karbonate als Uranträger auf, die sich unter ariden Bedingungen aus Endseen und aufsteigenden subkutanen Bodenlösungen ausgeschieden haben. Diese Lösungen waren chemisch so aggressiv, daß Quarze und Feldspäte aufgelöst und Biotite gebleicht wurden. Die primären Uranvorkommen werden mit variscischen Plutonen in Beziehung gebracht, die im Grenzbereich des Moldanubikums zum Saxothuringikum im sächsisch-böhmisch-bayrischen Grenzgebiet ausstreichen oder in der heute verdeckten SW-Projektion dieser Zone, die mit dem Nordrand der Vindelizischen Schwelle zusammenfallen dürfte, vermutet werden können. D.

HOFFMANN, H. & K. HOEHNE

Petrographische Eigenschaften und rheologisches Verhalten von permischen Steinkohlen, insbesondere der Gondwanaformation

„Brennstoff-Chemie", Bd. 41 (1960), S. 5, 70, 142 und 204

Im ersten Teil der Publikationsreihe behandeln Verf. das pflanzliche Ausgangsmaterial und die Bildungsbedingungen der permischen Steinkohlen und teilen die Ergebnisse ihrer Untersuchungen der Kohlen von Stockheim (Oberfranken) und St. Etienne (Zentralfrankreich) mit. Eine Zahlentafel über quantitative kohlenpetrographische Analysen von Steinkohlen des Perms verschiedener europäischer Reviere und Angaben über Plastizitätseigenschaften einiger Kohlenproben von Stockheim und St. Etienne bilden eine Ergänzung dieser Angaben.

In ihren weiteren Ausführungen berichten die Verf. über die Bildungsbedingungen der Steinkohlen der Gondwanaformation und teilen ihre Ergebnisse der zahlreichen petrographischen und rheologischen Untersuchungen ostaustralischer, vorderindischer, süd- und zentralafrikanischer Kohlen mit. Tabellen über quantitative kohlenpetrographische Analysen, Plastizitätseigenschaften der verschiedenen Kohlen, Kurzanalysen sowie zahlreiche Abbildungen von Anschliffen und Kartenausschnitte über die Verbreitung der Gondwana-Kohlen in den einzelnen Erdteilen bzw. Ländern ergänzen diesen wertvollen Beitrag. DRESSEL

Bibliografi for Stenindustrien for Tidsrummet 1940–1960. Utarbeidet av Studieselskapet for Norsk Industri

Utvalg for Stenindustrien, Oslo 1960

Das Heft bringt ein Verzeichnis von 452 Titeln aus den ausländischen Schriften. Ein Verzeichnis von 21 Forschungsinstituten und Prüfanstalten aus der ganzen Welt ist beigefügt.

Die Zusammenstellung wurde den einschlägigen Referatenorganen entnommen. Sie enthält außerdem eine Aufzählung der für Norwegen wesentlichen Fachzeitschriften, vorzugsweise aus Deutschland und den USA. HASS

Neuerscheinungen und Literaturhinweise

KASARINOW, W. P. & T. I. GUROWA
Beurteilung der Erdöl- und Gashöffigkeit der großen Senken in Westsibirien nach lithologisch-faziellen Daten
Gostoptechisdat, Moskau 1960. — 320 S.

SOKOLOW, W. A. & J. M. JUROWSKI
Theorie und Praxis der Gaskarottage
Gostoptechisdat, 1961. — 320 S.

HOFFMANN, A.
Bildungsraum der Erzlagerstätten im Westbergischen Bezirk
Decheniana, Jg. 113 (1960), Nr. 1, S. 39–50

PEK, A. W.
Zur Untersuchung der Strukturen endogener Erzlagerstätten
Geol. rud. mestoroshd., Jg. 4 (1960), S. 3–30

HOLZ, P.
Aluminium development in Africa
Min. Chem. Engng. Rev., Jg. 53 (1960), Nr. 2, S. 66–68

WALJASCHKO, M. G.
Geochemische Gesetzmäßigkeiten der Bildung von Kali- und Magnesiumlagerstätten
Isd. Mosk. Univ. — 320 S.

SMERTJUK, W. G.
Ein Gerät zur Bestimmung der Gesteinsfestigkeit
Ugol, 35 (1960), H. 5, S. 47–50

MELNIKOWA, K. P.
Die Entwicklung der sowjetischen Bodenkunde im Zusammenhang mit dem Straßen- und Wasserbau
Isd. Mosk. Univ., 1961. — 224 S.

Nachrichten und Informationen

Erforschung der tieferen Erdschichten

Die Internationale Geodätisch-Geophysikalische Union hat auf ihrer Vollversammlung im Jahre 1960 in Helsinki den Beschluß gefaßt, in allen ihren Mitgliederländern Untersuchungen zum Thema: „Der obere Mantel des Erdkörpers und sein Einfluß auf die Entwicklung der Erdrinde" durchführen zu lassen.

Die Verwirklichung dieses Programms durch die einzelnen Länder erfolgt zum größten Teil aus den jeweiligen geologischen Gegebenheiten ihrer Territorien heraus.

Die Geologen der USA wollen bekanntlich in ihrem sog. „Mohole"-Projekt die Bohrungen direkt am Ozeanboden ansetzen und haben in der Nähe der mexikanischen Insel Guadalupe, westlich der Halbinsel Kalifornien im Pazifik, bereits entsprechende Vorbereitungen getroffen.

Das Geophysikalische Landeskomitee der UdSSR hat unter Leitung von Professor Wladimir Beloussow, dem Präsidenten der Internationalen Geodätischen und Geophysikalischen Union, ebenfalls ein Programm für die Erforschung der unter der Erdkruste liegenden Schichten des oberen Teiles des Mantels (bis zu 700—800 km Tiefe) ausgearbeitet. Die Erforschung dieser tieferen Erdschichten bietet für die Wissenschaft kein geringeres Interesse als die Erforschung des Kosmos. Sie wird dazu beitragen, so außerordentlich wichtige Probleme, wie die Entstehung der Kontinente und Ozeane, des Sitzes und der Ursachen der tektonischen Prozesse, des Erdmagnetismus, des Vulkanismus, der Entstehung und der eventuellen Voraussage von Erdbeben, der Erzbildungsprozesse usw., der Lösung näher zu bringen.

Das Akademiemitglied D. Schtscherbakow und das korrespondierende Mitglied der Akademie der Wissenschaften der UdSSR G. Afanasjew vertreten in einem Artikel in der „Iswestija" vom 30. März 1961 die Ansicht, daß die Tiefbohrungen zur Erforschung der tieferen Erdschichten nicht unbedingt auf dem Ozeanboden angesetzt werden sollten, sondern daß hierfür auch entsprechende Abschnitte der Kontinente sehr geeignet seien. Die Oberflächen jener Erdschichten der Erdrinde, an denen sich die Geschwindigkeit der elastischen Wellen merklich vermindert, lassen sich z. B. im Bereich des Baltischen oder des Ukrainischen Schildes bereits in einer Tiefe von fünf bis sechs bzw. zehn Kilometern studieren. Sind Dichte und Zusammensetzung der dabei erbohrten Tiefengesteine bekannt, so wird es möglich sein, Korrekturen bei den Geschwindigkeitsberechnungen der seismischen Wellen vorzunehmen, die gegenwärtig noch auf Vermutungen, nicht aber auf direkten Beobachtungen beruhen. Es wird also dann möglich sein, zahlreiche Annahmen, die bisher nur auf rein geophysikalischen Daten beruhen, exakt zu überprüfen. Dies wird auch die Geophysik wesentlich befruchten.

Durch diese Untersuchungen wird es schließlich auch gelingen, die Besonderheiten der Entstehung und des Zustandes des schmelzflüssigen Magmas im Erdinnern und die Gründe für dessen Aufdringen in höhere Krustenteile zu klären. Außerdem werden dann ebenfalls die Bedingungen für die Abspaltung metallhaltiger Lösungen aus den Schmelzflüssen besser bekannt werden und neue Möglichkeiten der Erschließung und Ausnutzung der Tiefenwärme entdeckt werden.

Schtscherbakow & Afanasjew sind der Ansicht, daß die Erforschung der Tiefenstruktur der Erdrinde und der Gesetze ihrer Entwicklung, darunter auch der Periodizität der geologischen Prozesse, eine sehr komplizierte Aufgabe ist, die nur von Geologen, Petrographen, Geophysikern, Ingenieuren und Bohrtechnikern in sozialistischer Gemeinschaftsarbeit gelöst werden kann. F. Hess

Fortschritte des Bergbaus in China

Über die bedeutenden Ergebnisse auf vielen Gebieten des Bergbaus in China sind in den letzten Jahren viele Einzelheiten bekannt geworden. Einen umfassenden Überblick gibt K. P. Wang in „China's Mineral Ressources", Min. J., 255, H. 6519, S. 122—123, 1960. Hauptenergiequelle in China ist die Kohle. Das Land verfügt über 9,6 Bill. t geschätzte und 100 Mrd. t sicher nachgewiesene Kohlenvorräte. 1959 betrug die Förderung 335 Mill. t. Die Eisenerzförderung hat 1959 mit 22 Mill. t das Dreifache der Förderung von 1957 erreicht. Die Gesamtvorräte wurden auf 5 Mrd. t geschätzt. Die Jahresförderung von Manganerzen soll (Vorräte 50 bis 100 Mill. t) auf 1 Mill. t gesteigert werden. Von den auf 5,2 Mill. t geschätzten Wolframitvorräten werden jetzt 15000 bis 20000 jato 65%iges Wolframitkonzentrat ausgebracht, wovon 5000 jato den Eigenbedarf decken. An Kupfer, Blei und Zink (Vorräte 3 bis 6 Mill. t) wird für 1962 eine Förderung von 100000 t, für 1965 von 150000 t erwartet. Die Zinnproduktion (jetzt 26000 jato) soll bald auf 30000 jato gesteigert werden, wovon 20000 jato für den Export vorgesehen sind. Die Antimonvorräte sind die größten der Welt. Wegen des noch geringen Weltbedarfs werden einstweilen nur 15000 jato Antimon produziert. Auch die Erzeugung von Quecksilber, Wolframit und besonders Wismut kann nach Bedarf gesteigert werden. Die Aluminiumerzeugung (1957: 20000 t; 1959: 60000 t) soll 1962 100000 t und 1965 150000 t erreichen. Bedeutende Vorkommen an Industriediamanten wurden in den Provinzen Honan, Kweitschau und Schantung erkundet. Schwefelkies, Flußspat, Talk, Graphit, Asbest und Schwerspat werden gewonnen und auch exportiert. In den Provinzen Yünnan, Honan, Tschekiang und Kweitschau wurden erhebliche Phosphatvorkommen und in der Inneren Mongolei sowie Teilen von Nordwestchina reiche Kalisalzlager entdeckt. Ha.

Die Bodenschätze der VAR (Ägypten)

Aus einem im Juni 1961 vom Industrieministerium der VAR veröffentlichten Bericht ist zu entnehmen, daß gegenwärtig für Ägypten Phosphat, Manganerz und Eisenerz die wichtigsten Bodenschätze des Landes bilden.

Die Phosphatgruben von Om El Haweltat, El Hegab und Gasus (im Küstengebiet des Roten Meeres) exportieren ihre Produktion fast ausschließlich nach Japan, Ceylon und Indonesien, während das Rohphosphat der Gruben von El Atschan, Hamadat, Dauwi und El Nachil hauptsächlich nach Japan, Indien und der ČSSR exportiert wird. Neue Lagerstätten wurden bei El Hamvawein und Om El Toweig aufgeschlossen. Die Gruben El Hammama und El Sibaija produzieren hauptsächlich für das Inland. Die Produktion soll auf jährlich 400000 t gesteigert werden. Die Phosphatlager in den Oasen Dachla und Charga mit rund 100 Mill. t Vorrat werden z. Z. noch nicht genutzt.

Die Manganerzlagerstätten im Norden Ägyptens und an der Westküste der Halbinsel Sinai produzieren jährlich etwa 150000 t, die zum größten Teil in die Schweiz, nach den Niederlanden, den USA, der ČSSR, Belgien, Westdeutschland, Spanien, Großbritannien, Österreich und Italien exportiert werden.

Neue Eisenerzvorkommen wurden bei Wadi Kerim mit rund 38 Mill. t, bei Gebel Ghurabi mit 200 Mill. t und bei El Hiza in der Oase El Bahria mit 100 Mill. t entdeckt. Die Eisenerzgruben von Assuan werden in Zukunft ihre Produktion auf 550000 jato steigern.

Blei-Zink-Vorkommen wurden im Küstengebiet des Roten Meeres und im Gebel El Sambuki entdeckt. Nach bisherigen Untersuchungsarbeiten werden die Bleivorkommen auf rd. 1 Mill. t geschätzt.

Weitere in Ägypten vorkommende mineralische Rohstoffe sind Kaolin, Schwefel und Talk sowie Schwermineralsande bei Damiette, Port Said und El Arisch. —ul—

Erdöl/Erdgas

Die Rolle des Erdgases in der Energiewirtschaft

Auf dem „Congrès des Hydrocarbures" — 15. bis 17. September 1960 in Plaisance — fanden die Ausführungen des Generaldirektors der Compagnie Française de Méthane, A. de Saint Vincent, und besonders die von ihm gezeigten graphischen Darstellungen über Produktion und Verbrauch von Erdgas in den Hauptverbraucherländern großes Interesse. Aus den in „Revue pétrolière", Nr. 1026, Okt. 1960, veröffentlichten Darstellungen ist u. a. zu ersehen, daß in den USA seit 1941 die Gasproduktion, die vorher geringer war als die Ölproduktion, diese in steigendem Maße übertrifft. Der Erdgasverbrauch stellt jetzt fast ein Drittel des gesamten Kalorienverbrauchs dar. Andererseits sagen gewisse Experten einen Rückgang für Erdöl und Erdgas zugunsten der Atomenergie voraus. Instruktiv sind auch die vergleichenden Diagramme über den Erdgasverbrauch durch die einzelnen Industrien in verschiedenen Ländern. In der

UdSSR und in Frankreich hält das Erdgas für Haushalte die Spitze des Verbrauchs. Die Herstellung von gereinigtem Gas wird daher in diesen Ländern mit der größten Beschleunigung betrieben. In der UdSSR ist außerdem die Elektrizitätsproduktion mittels Erdgas relativ am größten. Bei den einzelnen Industrien spielen die Fragen der Umstellungskosten und der Arbeitsverbesserung eine spezifisch verschiedene Rolle. Die Energiegroßverbraucher, Stahlindustrie und Bauindustrie, stehen natürlich obenan. Da Energiequellen künftig und schon jetzt im Überfluß zur Verfügung stehen — die graphische Darstellung läßt die Erdgassäule in den kommenden Jahrzehnten turmhoch anwachsen —, tritt die Frage der lieferbaren Quantitäten mehr und mehr zurück, und die Standortfrage wird zum ausschlaggebenden Faktor. Die Kohle soll dieser Voraussage nach ihre bisherige Produktionshöhe beibehalten, wenn auch einzelne Erzeugungsgebiete nicht mehr konkurrenzfähig sind. Sie behauptet sich besonders auch dadurch, daß der technische Fortschritt die Verwendung auch geringerer Qualitäten möglich macht. Ha.

Erdölpreis

„Financial Times", London, vom 27. 4. 61, stellt fest, daß es auf dem Gebiet der Energiepolitik so gut wie keine Informationen über die Preise für Rohöl oder Raffinerieprodukte gebe. „Offenbar gehört es zur Politik der internationalen Ölgesellschaften, jeden Großverbraucher in dem Glauben zu lassen, daß er einen Sonderpreis bekommt; augenblicklich sind Rabatte bis zu 40% des Listenpreises durchaus keine Seltenheit."

In „Der Volkswirt", Frankfurt/M., Nr. 21 vom 25. 5. 61, werden folgende Rohölpreise cif deutsche Grenze genannt:

Liefergebiete:	DM je Tonne
Venezuela	79,95
Irak	86,36
Iran	80,76
Kuweit	78,83
Saudi-Arabien	87,97
Sowjetunion	54,88
Sahara	93,54
Gesamtdurchschnitt	84,13

Es berühre eigentümlich, meint „Der Volkswirt", daß auf dem deutschen Markt ausgerechnet das sowjetische Öl die Rolle des Preisbrechers zu spielen hat. Aber ihm kommen die Angebote der freien internationalen Erdölproduzenten sehr nahe. Gegen den Preisterror der sieben anglo-amerikanischen Erdölmonopole bildet sich eine Preisfront heraus, der fast alle freien Produzenten, einschließlich der amerikanischen unabhängigen Gesellschaften, angehören. Abschließend konstatiert „Der Volkswirt": „Das starre System der überhöhten Listenpreise der internationalen Rohölkonzerne hat die freien Gesellschaften und den Ostblock in die europäischen Märkte gezogen. Man hätte diese Entwicklung durch eine rechtzeitige freiwillige Preisanpassung auffangen können. Nunmehr hat sich in Europa das volkswirtschaftliche Interesse zum Teil mit dem sowjetischen Erdöl verbündet, um wettbewerbsgerechte Preise zu erreichen. Zwar ist jeder nationale europäische Markt, gemessen an amerikanischen Verhältnissen, recht klein, und man mag in den Zentralen der ‚Big Seven' die europäischen Länder als Märkte kleiner Größenordnung einrangieren. Das politische Problem allerdings darf keinesfalls unterschätzt werden: In der Öffentlichkeit stellt sich die Sowjetunion als marktwirtschaftlicher Konkurrent dar, der das starre Preissystem des internationalen Ölkartells auflockert."

Eine der stärksten Bastionen des Imperialismus, sein überhöhter Erdölpreis, beginnt bedenklich zu schwanken, und freie amerikanische Gesellschaften laufen zusammen mit sonstigen freien Produzenten Sturm gegen die Maximalprofite abwerfende Hochburg des ROCKEFELLER-Monopols. E.

Erdöl- und Erdgasprospektion in Österreich

In der Mistelbacher Bucht des Wiener Beckens, im Raum zwischen dem Steinbergbruch und dem Schrattenberger Bruch, ist man dabei, die geophysikalisch nachgewiesenen Strukturen durch Bohrungen zu untersuchen.

Die Bohrung Ginzersdorf 1, nordwestlich des alten Ölfeldes von St. Ulrich—Hauskirchen, wies im Helvet (bei 963,0 bis 965,5 m) einen Gassand nach. Im östlich des Steinbergbruches gelegenen Hauptteil des Wiener Beckens traf die Bohrung Niedersulz 8 auf eine Reihe von Gashorizonten. Erstmalig im Triasdolomit wurde durch die Bohrung Aderklaa 78 eine Gaslagerstätte nachgewiesen. Bei der Bohrung Aderklaa 3a ergab ein Open-hole-Test zwischen 2714 und 2734 m einen starken Gaszufluß, dessen Fließdruck sich durch eine 6,4-mm-Düse auf 259 at beläuft.

Bei Aufschlußarbeiten in der Molassezone erbrachte die Bohrung Staatz 1 nach Durchteufen von rd. 1700 m miozäner Molasse in mesozoischen Schichten Salzwasser. Man ist sicher, daß hier ein neues Stockwerk erdölhöffiger Schichten erreicht wurde.

Im Tullner Becken, an der Westflanke des Hochs von Moosbierbaum, bohrte die Sonde Wolfsbach 1 nach Durchteufung der Molasse den Granit der böhmischen Masse an, der auf Klüften Ölspuren zeigte. Die Bohrung Murstetten 1, weiter an der Flanke der Struktur, soll die Frage der Herkunft der Ölspuren, die wahrscheinlich nur aus noch tieferliegenden Schichten der Molasse stammen können, klären.

Die Erdölproduktion des Iraks

Von 1950 bis 1954 vervierfachte sich die Erdölproduktion des Iraks. Zu den Feldern bei Kirkuk und Mossul im Norden kommen neue Vorkommen im Gebiet von Zubair und Rumaila. Die Entwicklung der irakischen Erdölwirtschaft geht aus der folgenden Tabelle (Länderberichte des Deutschen Instituts für Marktforschung, Nr. 12, 1961) hervor.

	Produktion (Mill. t)	Export (Mill. t)	Ertrag (Mill. irak. Dinar)
1950	6,5	6,1	5,3
1951	30,6	29,3	49,9
1955	32,7	31,8	59,6
1956	31,3	29,2	61,1
1957	22,3	20,3	22,8
1958	34,1	33,7	79,9
1959	40,1	39,5	86,6

1958 gab es im Irak 82 produzierende Erdölsonden. Die Produktionskosten sind infolge der hohen Produktivität der Sonden sehr niedrig. Im Süden erfordern die Vorkommen wegen ihrer tieferen Lage größere Aufwendungen, die aber durch die bessere Verkehrslage aufgewogen werden. Während bis Ende 1958 keine irakische Firma an der Erdölförderung des Landes beteiligt war, gibt es jetzt nur noch eine ausländische Gesellschaft. Ha.

Kohle

Griechische Braunkohlen

Das griechische Institut für Geologie und Bodenerforschung hat dem griechischen Industrieministerium einen Untersuchungsbericht über die Lignitvorkommen im Raum von Amyntäon–Vevi–Florina in Westmazedonien vorgelegt. In dem Bericht wird u. a. ausgeführt, daß bedeutende Lignitvorkommen festgestellt worden sind und daß dieser Lignit stark xylithhaltig ist und gegenüber dem Lignit von Ptolemais doppelte Heizfähigkeit besitzt. Die abbauwürdigen Lignitvorkommen werden auf mehrere 10 Mill. t geschätzt; ein großer Teil der Vorräte kann im Tagebau gefördert werden. E.

Neues Lignitbergwerk in Jugoslawien

Für den Aufschluß des Lignitvorkommens von Juzna Sinklinala will die jugoslawische Regierung einen Auslandskredit aufnehmen. Die Förderung soll nach Eröffnung des neuen Bergwerks 4,3 Mill. t jährlich betragen. Die notwendigsten Investitionen wurden auf 20 Mrd. Dinar geschätzt, wovon vom Lignitbergwerk Kreka 2 Mrd. Dinar aufgebracht werden sollen. He.

Erze

Eisenerzförderung der Welt

Nach „Eisen- und Stahlstatistik", Beilage zum Statistischen Vierteljahresheft Oktober bis Dezember 1960, herausgegeben im März 1961 vom „Statistischen Bundesamt Außenstelle Düsseldorf", betrug die Eisenerzförderung der Welt 1960 rd. 515 Mill. t, das sind rd. 20% mehr als 1959. Die Förderung je Kopf der Gesamtbevölkerung der Erde stieg von 141 kg im Jahre 1959 auf 163 kg im Jahre 1960 an, das ist ein Zuwachs von 15%. An der Spitze der Jahres-

Eisenerzförderung der Welt 1958—1960

Land	Jahresförderung in 1000 t			durchschnittl. Fe-Gehalt %	Förderung je Kopf der Bevölkerung in kg			Anteil an der Weltförderung in %		
	1958	1959	1960		1958	1959	1960	1958	1959	1960
1. UdSSR	88801	94390	106980	60	429	447	507	22,03	21,90	20,77
2. USA	69037	59677	90800	50	395	336	492	17,13	13,85	17,63
3. Frankreich	60186	61597	67723	35	1350	1366	1484	14,93	14,29	13,15
4. VR China	30000	45000	60000	30	47	67	87	7,44	10,44	11,65
5. Canada	14404	22174	22230	55	845	1271	1248	3,57	5,14	4,32
6. Schweden	18394	18286	20480	60	2481	2453	2734	4,56	4,24	3,98
7. Venezuela	15480	17018	19750	65	2449	2613	2933	3,84	3,95	3,83
8. Westdeutschland	17984	18063	18869	30	352	349	354	4,46	4,19	3,66
9. Großbritannien	14847	15108	17361	30	287	291	332	3,68	3,51	3,37
10. Indien	6130	7876	9350	65	15	20	23	1,52	1,83	1,82
11. Luxemburg	6636	6509	6978	30	20738	20090	21271	1,65	1,51	1,35
12. Brasilien	5185	5700	6800	70	83	89	103	1,29	1,32	1,32
13. Malaga	2844	3821	5640	60	437	570	817	0,71	0,89	1,10
14. Peru	2592	3492	5280	60	254	332	486	0,64	0,81	1,03
15. Spanien	4908	4939	5220	50	165	165	173	1,22	1,15	1,01
16. Chile	3795	3905	4620	60	520	523	606	0,94	0,91	0,90
17. Australien	3988	4500	4500	56	405	473	438	0,99	1,04	0,87
18. Österreich	3410	3382	3530	30	486	480	499	0,85	0,78	0,69
19. Algerien	2315	1924	3525	55	226	176	306	0,57	0,45	0,68
20. ČSSR	2799	2968	3090	30	208	219	226	0,69	0,69	0,60

förderung liegt die UdSSR mit 106,98 Mill. t Eisenerz bei einem durchschnittlichen Fe-Gehalt von 60%.

Die Tabelle gibt eine Übersicht über die Eisenerzförderung in einzelnen Ländern der Erde sowie die Pro-Kopf-Förderung und den Anteil an der Weltförderung.

Die DDR liegt mit einer Förderung von 1,44 Mill. t im Jahre 1960 an 31. Stelle der eisenerzfördernden Länder der Welt. Die Förderung pro Kopf der Bevölkerung betrug 1960 84 kg. Die DDR hat zur Zeit einen Anteil von 0,28% an der Welteisenerzförderung.

Auf dem afrikanischen Kontinent wurden 1960 insgesamt 13,355 Mill. t Eisenerz gefördert, das sind 2,59% der Weltförderung. Der amerikanische Kontinent brachte eine Förderung von 150,6 Mill. t, das sind 29,24% der Weltförderung. —ul—

Eisenerzversorgung des Ruhrgebiets

Die westdeutschen Hüttenwerke benötigen rd. 45 Mill. t Erz, um 25,5 Mill. t Roheisen zu erschmelzen. 1960 konnte das Inland nur 13,13 Mill. t mit einem Durchschnitt von knapp 33% Fe bereitstellen gegenüber 47% Fe im Importerz. Eine Tonne Thomas-Roheisen setzt sich heute zu 70% aus Auslandserz und nur zu 16% aus inländischem Erz zusammen (Rest: Schrott usw.). 1960 lag der Koksverbrauch im Durchschnitt bei 826 kg, während moderne Hochöfen mit 8 m Gestelldurchmesser und einer Tageskapazität von mindestens 1200 t Roheisen nur noch 700 kg Koks verbrauchten.

Es werden in Westdeutschland 130 verschiedene Eisenerze verhüttet. Jeder Hochofenmöller an der Ruhr setzt sich aus 15 bis 20 Sorten zusammen. Die Nachfrage nach Feinerzen zum Sintern kann kaum noch befriedigt werden. Die heimische Förderung beläuft sich z. Z. auf 18—19 Mill. t Roherz. Durch zusätzliche Förderung aus Gifhorn und Staffhorst wird der Rückgang durch auflässige Gruben aufgefangen, so daß in drei bis vier Jahren die Eigenförderung auf 20 Mill. jato erhöht werden kann. Um die dann noch bestehende Erzlücke zu schließen, will die Ruhrindustrie fast 1 Mrd. DM in westafrikanischen Eisenerzgruben investieren mit dem Ziel, daß ein Viertel des westdeutschen Erzbedarfs aus diesen neuen Reserven gedeckt wird.

Seit 1957 schürfen westdeutsche Geologen in der Bong Range und dem Mount Limba in Liberia. Die Lagerstätte Bong Range liegt 70—80 km von der Küste entfernt, die Vorräte wurden auf 260 Mill. t, z. T. im Tagebau gewinnbar, geschätzt. 2,2 Mill. t 67%igen Konzentrats, das aus 37%igem Roherz gewonnen wird, sollen zunächst pro Jahr ins Ruhrgebiet exportiert werden.

Die Lagerstätte Mount Limba liegt 270 km von dem Hafen Lower Buchanan entfernt. Die Ruhrhütten sollen von dort jährlich 2,5 Mill. t Erz erhalten bei einer Jahresproduktion von 6 Mill. t. Etwa 1 Mill. t Konzentrat beziehen die Ruhrhütten bereits von den Gruben der unweit der Küste gelegenen Born Hills. Am Mano River hat man neue Lagerstätten entdeckt, aus denen schon ab 1962 etwa 1 Mill. t an die Ruhr geliefert werden sollen. Auch aus dem benachbarten Sierra Leone beziehen die westdeutschen Hütten Konzentrat aus dem Marampa-Gebiet.

Nach „Glückauf", H. 11, 1960, erreichte 1950 die Eisenerzförderung in Liberia 2,7 und in Sierra Leone 1,6 Mill. t. Westdeutschland hatte im gleichen Jahr aus Liberia 753000 t (durchschnittlich 68% Fe) und 394000 t aus Sierra Leone (durchschnittlich 58% Fe) eingeführt.

Durch die Übersee-Erzbezüge und dadurch, daß aus überseeischer Kohle an den europäischen Küsten hergestellter Koks billiger als Ruhrkoks ist, haben die Kokskohlenlagerstätten des Ruhrgebiets als Standortfaktor der Eisen- und Stahlindustrie an Bedeutung verloren. E.

Kritische Lage des westdeutschen Blei-Zink-Erzbergbaus

Die Abhängigkeit des Metallerzbergbaus in den kapitalistischen Ländern von den Weltmarktpreisen hat sich im letzten Jahrzehnt auf den westdeutschen Blei-Zink-Erzbergbau besonders ungünstig ausgewirkt. Drei schwere Krisen führten zu Preisschwankungen bis zu 40%. Die letzte Krise begann im Dezember 1960. Insgesamt wird seit 1950 ein Preisrückgang von 37% bei Blei und 24% bei Zink verzeichnet. 21 Gruben mußten daher stillgelegt und die Belegschaft insgesamt um mehr als die Hälfte verringert werden. Das Präsidium der westdeutschen Wirtschaftsvereinigung Nicht-Eisen-Metalle fordert von der Regierung dringend Maßnahmen zur Sicherung der Produktionskraft des Blei-Zink-Erzbergbaus, damit diese für die Metallversorgung der Industrie erhalten bleibt. Während einige andere kapitalistische Länder solche Maßnahmen, wie Zölle, Subventionen und Importbeschränkungen, bereits ergriffen haben, besteht, wie die Zeitschrift „Bergbauwissenschaften" vom 5. 6. 1961 hervorhebt, in Westdeutschland eine Umsatzsteuer für inländische Erze, der die ausländischen Erze nicht unterliegen. Ha.

Weltproduktion an Magnesium

1943 hatte die Magnesiumproduktion der Welt mit rd. 265000 t eine Rekordhöhe erreicht. 1946 war sie auf 10500 t zurückgefallen. Nach Schätzungen des US Bureau of Mines lag sie 1959 bei 92500 lgt. Auf die einzelnen Länder verteilt, ergab sich nach dieser amerikanischen Aufstellung:

Welt-Magnesiumerzeugung (in lgt zu 1016 kg)

	1958	1959[1])
Kanada	5270	5260
Frankreich	1720	1723
Westdeutschland	189	181
Italien	4179	4172
Japan	408[1])	408
Norwegen	9275	9297
VR Polen	149[1])	149
Schweiz	—	—
UdSSR	40815	40815
Großbritannien	2358[1])	2358
USA	27297	28146
Welt[1])	92500	92500

[1]) geschätzt

Trotz der offensichtlichen Ungenauigkeit obiger Angaben geht aus ihnen eindeutig hervor, daß der größte Mg-Produzent der Welt die Sowjetunion ist. Die Metallgesellschaft Frankfurt a. Main hatte die sowjetische Produktion bereits für 1958 auf etwa 60000 t beziffert. Der Bedarf der USA erreichte 1958 etwa 40500 sh/t. Aluminium-Magnesium-Legierungen werden verstärkt im Behälterbau, Magnesiummetall wird in steigenden Mengen in der Kerntechnik, im Automobilbau, im Flugzeugbau, beim Bau von Textilmaschinen und Raketen benutzt. E.

Nickel und Kobalt in Kuba

Kuba besitzt bedeutende Nickel- und Kobalterzvorkommen. Nachdem zwischen der Sowjetunion und Kuba am 1. Juni ein Vertrag zur Erschließung der Bodenschätze der Insel unterzeichnet wurde, besteht die Aussicht, daß sich Kuba zum zweiten Nickelproduzenten der Welt nach Kanada entwickeln wird. Die Gruben von Nicaro in der Provinz Oriente werden mit neuen Aufbereitungsanlagen für Nickel- und Kobalterze das Produktionszentrum bilden. Die Sowjetunion stellt für dieses Vorhaben neben Maschinen und Ausrüstungen Geologen und Techniker für die Erkundung und die Einführung moderner bergbaulicher Verfahren zur Verfügung. Für die projektierte neue Anlage wird eine Produktionskapazität von 70000 t Nickel jährlich in Aussicht gestellt, gegenüber 10000 t Nickel und 20000 t Nickelkobalt, die für das Jahr 1961 zu erwarten sind. Ha.

Sonstiges

Neues Kalibergwerk in Sizilien

Die Kaliwerke in der Provinz Enna in Sizilien werden demnächst ihren Betrieb aufnehmen. Die Schächte erreichen eine Teufe bis zu 800 m. Es wird mit einer jährlichen Förderung von 1,8 Mill. t Kalirohsalzen gerechnet. Zusammen mit den anderen bereits in Betrieb befindlichen Bergwerken in Santa Caterina Villaermosa, San Cataldo und Villarosa könnte Sizilien dann eine Jahresproduktion von über 3 Mill. t Rohsalzen erreichen. He.

Chinesisches Salzkombinat

Ein modernes Salzkombinat entsteht bei Nanpao in Nordchina. Im ersten Bauabschnitt wurde jetzt die Produktion aufgenommen. Das Kombinat, das in der Nähe der Pohai-Bucht liegt, umfaßt eine Fläche von 240000 Hektar. Modernste Maschinen zur Anreicherung und Kristallisation von Seewasser, Salztrockner, Apparate zur Raffinierung des Salzes und andere Geräte, die alle in der Volksrepublik China projektiert und hergestellt wurden, gehören zur Ausrüstung dieses neuen Werkes. E.

Geothermische Energiequellen in der Sowjetunion

Die Akademie der Wissenschaften der Sowjetunion hat Vorplanungen zur Nutzung der geothermischen Energie eingeleitet. Nach W. M. WYMORKOW [Die geothermischen Energiequellen der Sowjetunion und die Möglichkeiten ihrer praktischen Nutzung (russ.) STROJIRENSTVI 10 (1960) Nr. 10, S. 754] strahlt die Erde jährlich 0,2 bis $1 \cdot 10^{20}$ kcal in den interplanetarischen Raum aus. In vulkanischen Gebieten Kamtschatkas kann man gewinnbares Heißwasser mit einer Temperatur von über 200° C schon aus 100—200 m Teufe gewinnen. Diese Wärme soll für die Versorgung von Treibhäusern und zur Beheizung von Siedlungen dienen.

Bei der Erdölerkundung ist man in Tiefen von über 2500 m auch in nichtvulkanischen Gebieten auf große Vorräte an Heißwasser gestoßen. So könnten z. B. im nördlichen Vorland des Kaukasus Städte wie Krasnodar, Almavir, Maikop und weitere mit Heißwasser und Heizwärme versorgt werden. Im Gebiet von Stawropol erwägt man die Beheizung größerer Orte mit geothermischer Energie. In Westsibirien lagert ein artesisches Reservoir von über 3 Mill. km². Man rechnet, daß eine Bohrung dort jeweils eine Siedlung von etwa 1000 Einwohnern versorgen kann. Es sollen daher kleine in sich geschlossene Fernheizungssysteme geschaffen werden, die jeweils eine Sonde als Zentrale benutzen.

Diese Anregungen sind auch für das Erdölprogramm der DDR in dem Maße von Bedeutung, in dem die Bohrungen eine Teufe von 2500 m überschreiten. Lge.

Kurznachrichten

Italien importierte 1960 fast 5 Mill. t Erdöl aus der UdSSR und stand damit an der Spitze der **Abnehmerländer** für **sowjetisches Erdöl.** Westdeutschland importierte 2,8 Mill. t. Der Gesamtexport an Erdöl aus der UdSSR betrug 1960 22,7 Mill. t.

Die **Rohölimporte** der Volksrepublik **Polen** aus der UdSSR, die bereits 1,5 Mill. t jährlich betragen, sollen verdoppelt werden, sobald die Pipeline aus den Ölfeldern des Wolgagebietes fertiggestellt sein wird.

Während 1960 in **Westdeutschland** die **Erdölproduktion** mit 8,4 % in gleichem Maße wie die Weltförderung zugenommen hat, konnte die Bohrmeterleistung nicht in gleichem Umfang gesteigert werden. Das ist auf die Niederbringung tieferer Bohrungen mit verlängerten Bohrzeiten und geringeren Meterleistungen zurückzuführen.

Infolge des hohen Einsatzes von Erdgas in den **Wiener** Gaswerken (80—90%) und des niedrigen Erdgaspreises liegt der **Gastarif** der österreichischen Hauptstadt bis zu 50% unter dem vergleichbarer deutscher Städte.

Großbritannien wird künftig seine **Gasversorgung** z. T. mit aus dem Erdgas der Sahara gewonnenem verflüssigtem Methan decken, das in Spezialtankern befördert werden soll.

Kolumbien übernahm die **Erdölraffinerie** von Barranza Bermeja (die größte Kolumbiens) und die sog. Mares-Konzession, die sich bisher in den Händen der USA befanden, in eigene Verwaltung.

In **Kuwait** soll eine **Erdölraffinerie** gebaut werden, die als erstes Werk dieser Art im Nahen Osten das bei der Erdölförderung anfallende Erdgas verarbeiten wird.

In **Pakistan** soll mit Hilfe sowjetischer Fachleute und eines sowjetischen Kredits von 3 Mill. $ die Erkundung der **Erdölvorkommen** des Landes vorangetrieben werden.

In Dotternhausen (**Württemberg**) ist seit Anfang 1961 ein **Kraftwerk** in Betrieb, das durch Verbrennung von **Ölschiefer** Strom erzeugt. Die Gewinnung und Aufbereitung des Ölschiefers, von dem 7 t den Heizwert von 1 t Steinkohle besitzen, ist in einem großen Ölschiefergebiet billiger als Kohle.

Die auf 300 Mill. t geschätzten **Eisenerze,** die am Jatapu, einem Nebenfluß des Uatuma (**Brasilien**) entdeckt wurden, sollen einem Stahlwerk, das 500 km von der Fundstelle in Manaus errichtet wird, als Rohstoffbasis dienen.

Die **Eisenerzvorräte Brasiliens** werden unabhängig von den großen Vorkommen in Mato Grosso und anderen brasilianischen Staaten auf 45 Mrd t geschätzt. Für 1964 wird mit einer Ausfuhr von 20 Mill. t Erz gerechnet, die sich bis 1990 auf 50 Mill. t steigern soll.

Von den auf den **Philippinen** nachgewiesenen über 100 Mill. t **Eisenerz** mit 55% Fe-Gehalt wurden 1960 1,120 Mill. t Erz gefördert.

Die **Chromerzförderung** in der **Türkei** ist, gegenüber 307400 t im Jahre 1959, 1960 auf 394700 t gestiegen. Davon wurden etwa 300000 t von privatkapitalistischen Gesellschaften gefördert.

1960 wurden in **Australien** 51600 t **Feinkupfer** produziert. Damit hat sich die Kupfererzeugung in diesem Lande in den letzten zehn Jahren verfünffacht.

Die **chilenische** staatliche Bergbaugesellschaft will in Tocopilla und Taltal je eine **Kupferaufbereitungsanlage** errichten. Die Anlage in Tocopilla soll eine monatliche Kapazität von 2500 t erreichen.

Der Abbau des **Erzlagers** von Korsnas in **Finnland,** das Bleiglanz und Magnetkies enthält, ist seit kurzem in vollem Gange. Die Förderung wird etwa 100000 t hochwertiges Erz jährlich ergeben.

Die Produktion des **Pyrit**bergwerks von El Halia bei Philippeville in **Algerien** ist von 24650 t im Jahre 1958 auf fast 40000 t im Jahre 1960 angewachsen. Eine Produktion von 7000 t monatlich wird angestrebt.

Die **Bauxiterzeugung Ungarns** soll 1961, gegenüber 1,19 Mill. t Bauxit im Vorjahr, auf 1,2 Mill. t gesteigert werden. Damit ist Ungarn nach Frankreich der zweitgrößte Bauxitproduzent Europas.

In Tuticorin in **Südindien** wird mit ausländischer Hilfe ein Werk errichtet, das täglich 120 t **Ammonium** erzeugen soll.

Die **Kaliproduktion** in **Westdeutschland** ist 1960, gegenüber 1838000 t im Vorjahr, auf 1968000 t gestiegen.

In den nächsten Heften der Zeitschrift für angewandte Geologie

erscheinen u. a. folgende Beiträge:

F. STAMMBERGER: Die bewußte Anwendung der Dialektik — Grundvoraussetzung eines wissenschaftlichen Arbeitsstils

A. A. BEUS & A. A. SITNIN: Zur Geochemie des Tantal und Niob bei hydrothermal-pneumatolytischen Prozessen

W. MEHNER: Kiessand-Lagerstätten der Bezirke Potsdam, Frankfurt, Cottbus

A. M. BYBOTSCHKIN: Die Spurenelemente der Buntmetallerze und die Methodik ihrer Vorratseinschätzung

R. LANGBEIN & G. SEIDEL: Zur Ausbildung des Mittleren Buntsandsteins in Westthüringen

F.-W. WAGNER: Die magnetische Anomalie von Delitzsch

F. MITURA & Z. OLEWICZ: Die wichtigsten Richtungen bei der Entwicklung der Sucharbeiten auf Erdöl- und Erdgaslagerstätten in Polen

H. HÄHNICHEN & R. POHLENZ: Ingenieurgeologische Kartierungen bei Talsperrengründungen in Felsgesteinen

J. VRBA: Darstellungsmethoden der hydrochemischen Verhältnisse auf hydrogeologischen Karten

W. JAEGER: Geologisch-geophysikalische Untersuchung des Phonoliths von Hammerunterwiesenthal (Erzgebirge)

Herausgeber: Staatliche Geologische Kommission und Zentrale Vorratskommission für mineralische Rohstoffe der Deutschen Demokratischen Republik. Für die kollektive Chefredaktion: Dr. K. KAUTER (Redaktionssekretär), Berlin. Redaktion: Berlin N 4, Invalidenstraße 44. Verlag: Akademie-Verlag GmbH, Berlin W 8, Leipziger Straße 3–4 (Fernsprecher 220441, Telex 011773, Postscheckkonto: Berlin 35021). Bestellnummer des Heftes 1047/7/10. Die „Zeitschrift für angewandte Geologie" erscheint monatlich. Bezugspreis 2,— DM je Heft. — Satz und Druck: Druckhaus „Maxim Gorki", Altenburg. Veröffentlicht unter der Lizenznummer ZLN 5008 des Ministeriums für Kultur. Karten: MdI der DDR, Nr. 6561/K 11.

FSC
www.fsc.org
MIX
Papier | Fördert gute Waldnutzung
FSC® C083411

Zeitfracht Medien GmbH
Ferdinand-Jühlke-Straße 7
99095 Erfurt, Deutschland
produktsicherheit@kolibri360.de